U0929066

热塑性聚合物/多壁碳纳米管复合材料

郑玉婴　林锦贤　著

科学出版社

北京

内 容 简 介

本书对碳纳米管的结构、性质、制备、功能化及其应用，碳纳米管复合材料的制备、性能及研究进展，计算机模拟在聚合物结晶中的应用等方面的知识进行概述。详细介绍了碳纳米管增强浇铸尼龙6复合材料的制备、性能、反应动力学、界面结构、非等温结晶动力学研究，聚丙烯/碳纳米管复合材料的制备、性能、结晶动力学及碳纳米管的成核效率，等规聚丙烯非等温结晶动力学参数的预测，聚丙烯/多壁碳纳米管复合材料的动态流变性能。本书致力于研究和开发具有牢固结合力的新型热塑性聚合物/多壁碳纳米管复合材料，并为其制备和应用提供新的思路和方法，为实现工业化应用提供实践基础和理论指导。

本书可供材料科学研究人员、工程技术人员和研究生阅读参考。

图书在版编目(CIP)数据

热塑性聚合物/多壁碳纳米管复合材料 / 郑玉婴，林锦贤著. —北京：科学出版社，2017.6

ISBN 978-7-03-053585-6

Ⅰ. ①热… Ⅱ. ①郑… ②林… Ⅲ. ①热塑性复合材料 ②炭素材料—纳米材料—复合材料 Ⅳ. ①TB33 ②TB383

中国版本图书馆 CIP 数据核字(2017)第 132115 号

责任编辑：贾 超 宁 倩 / 责任校对：王 瑞

责任印制：张 伟 / 封面设计：华路天然

科 学 出 版 社 出版

北京东黄城根北街 16 号

邮政编码：100717

http://www.sciencep.com

北京九州迅驰传媒文化有限公司 印刷

科学出版社发行 各地新华书店经销

*

2017 年 6 月第 一 版 开本：A5 (890×1240)

2019 年 2 月第三次印刷 印张：5 3/4

字数：145 000

定价：78.00 元

(如有印装质量问题，我社负责调换)

前　　言

浇铸(MC)尼龙 6 具有质量轻、力学性能好、自润滑、耐磨、耐弱酸弱碱及一些有机溶剂、抗震吸声等优点，是一种性能优良的工程塑料，并且具有生产工艺简单、成本低、可以直接浇铸成型等特点。因此其在工业中大量替代钢、铝以及铜等金属材料，用于制作轴瓦、齿轮、滑轮、螺旋桨等机械零部件。然而普通 MC 尼龙 6 存在低温韧性差、尺寸稳定性欠佳和吸水率大等缺点；对于在高负荷条件下使用的零件，其耐磨性、自润滑性仍有不足；在要求高冲击性或抗静电或阻燃等的场合，MC 尼龙 6 的使用也会受到限制。因此为进一步扩大 MC 尼龙 6 的应用范围，有必要对其进行改性。

聚丙烯(PP)是一种广泛用于注射成型制品、薄膜、纤维、挤出成型制品等的热塑性塑料，由于 PP 原料易得、价格低廉、耐腐蚀、拉伸强度和刚性较高以及无毒、无味等，已经成为五大通用塑料中需求增长最快的品种。但是，耐低温冲击性差、易老化和热变形温度低等缺点限制了 PP 在高附加值产品领域中的应用。因此对 PP 进行改性，扩大它的应用范围受到学术界以及产业界的持续关注。

利用无机纳米粒子改性聚合物是近几年的研究热点，添加少量纳米粒子就可显著提高聚合物的性能。由于碳纳米管具有诸多优异的特性，将其运用于聚合物树脂改性中，可以提高聚合物树脂的应用范围，是聚合物材料的增强及功能化填料，具有广阔的应用前景。本课题通过原位聚合法制备 MC 尼龙 6/碳纳米管纳米复合材料，通过熔融挤出法制备聚丙烯/碳纳米管纳米复合材料，以期改进这两种热塑性聚合物材料，并赋予它们新的特性，扩大材料的应用领域；系统研究复合材料结构与性能的变化，为材料的加工与应用提供理论依据。因此，本课题的研究具有重要的实际应用和理论价值。

本书即是对课题所开展部分研究工作和取得成果的详细介绍和总结。全书共分 9 章。第 1 章主要介绍碳纳米管的结构、性质、制备、功能化、应用以及碳纳米管复合材料的研究进展；第 2 章介绍碳纳米管增强 MC 尼龙 6 复合材料制备及其表征；第 3 章介绍尼龙 6/碳纳米管复合材料浇铸成型反应动力学及其界面结构；第 4 章介绍 MC 尼龙 6/改性碳纳米管复合材料非等温结晶动力学研究；第 5 章介绍聚丙烯/碳纳米管复合材料的制备以及性能研究；第 6 章叙述聚丙烯/碳纳米管纳米复合材料的结晶动力学及碳纳米管的成核效率；第 7 章叙述等规聚丙烯非等温结晶动力学参数的预测；第 8 章叙述聚丙烯/多壁碳纳米管复合材料的动态流变性能；第 9 章为本书的一些结论。

在编写过程中，博士研究生邱尚长提供研究内容，对本书的内容和研究成果付出了努力，做出了贡献，在此表示由衷的感谢。

由于作者水平有限，书中难免有不妥和疏漏之处，敬请读者批评指正。

著　者
2017 年 2 月

目　录

第1章　概　　述

1.1　碳纳米管的研究进展

1.1.1　概述

自 1991 年碳纳米管(carbon nanotube，CNT)被发现[1]以来，就以其独特的结构和性质成为科学研究的热点之一。碳纳米管是由单层或多层碳原子形成的类石墨结构的六边形网络卷成的无缝、同轴中空的纳米级管体。其中，由多层碳原子构成的同轴圆管称为多壁碳纳米管(multi-walled carbon nanotube，MWNTs)，只由一层碳原子构成的同轴圆管称为单壁碳纳米管(single-walled carbon nanotube，SWNTs)。由于碳纳米管的直径很小，有很大的长径比，可视为准一维纳米材料。碳纳米管具有 sp^2 杂化碳原子结构，形成很大的共轭 π 体系。这种独特的纳米结构使得碳纳米管拥有许多独特的性质[2, 3]，如具有巨大的拉伸强度和很高的长径比，以及优良的导电和导热性能[4-7]。碳纳米管在电子、材料科学、储氢等领域都得到了很好的应用[5, 8-18]。

1.1.2　碳纳米管的结构

碳纳米管可以看作是由圆柱体的杂化碳原子石墨片卷曲而成的，其直径范围为 0.7～10nm，而长度可达数十微米。多壁碳纳米管的管壁层间距约为 0.34nm。单壁碳纳米管可以看成是由石墨平面卷曲并在其两端罩上碳原子端帽的封闭结构，多壁碳纳米管是若干个单层管同心套叠而成，端帽结构在碳纳米管的应用中起重要作用[19-21]。一般情况下，把金刚石、石墨和 C_{60} 分别看成是三维、二维和零维材料，而将碳纳米管看成是一维材料。碳纳米管中石墨平面的卷曲方式决定着碳纳米管的直径、螺旋性及其晶格常数，也决定其物理性质。根据德雷斯尔豪斯(Dresselhaus)理论，碳纳米管的手性决定其电学性能，即碳纳米管可以是金属性的，也可以是半导体性的。不同手性的碳纳米管模型如图 1-1 所示。

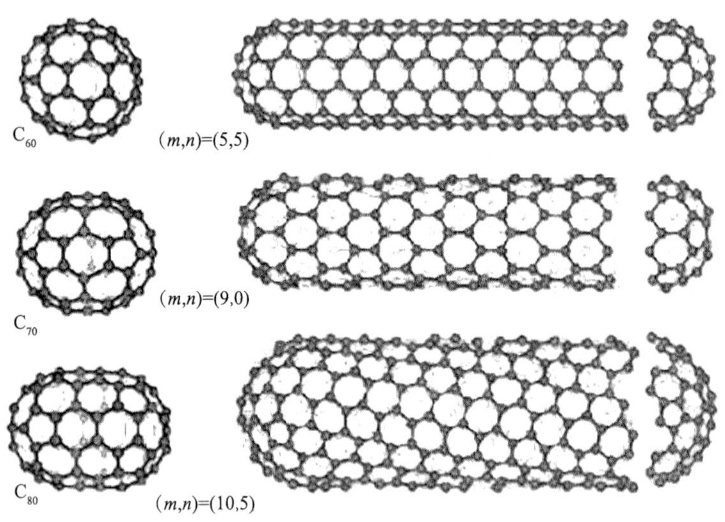

图 1-1　C_{60}、C_{70}、C_{80} 与各种不同手性的碳纳米管之间的关系(从上到下依次为锯齿形的碳纳米管、扶手椅形的碳纳米管和有一定角度的碳纳米管)

1.1.3　碳纳米管的性质及其应用

1. 电磁性能

共轭的 π 体系使碳纳米管中的电子能在共轭的碳原子之间自由运动，使碳纳米管具有良好的导电性能[22-24]。可以通过改变碳纳米管的手性来调节碳纳米管的导电特性，使碳纳米管具有半导体性能。碳纳米管的一维电子结构具有量子效应，以及独特的电子传输性能，使制备单分子晶体管成为可能。另外，碳纳米管具有电磁屏蔽特性。在超大规模集成电流中，由于器件尺寸的减小，导线之间的电磁干扰严重，利用碳纳米管的电磁屏蔽性质可以有效地减少和防止导线之间的电磁干扰，提高器件的可靠性。此外，碳纳米管比表面积大、结晶度高、导电性好，微孔大小可通过合成工艺加以控制，将其用作电双层电容器电极材料，具有高功率、长周期和结构完整的特点[25-27]，是一种理想的双电层电容器电极材料。

碳纳米管在磁学方面有两个显著的特性，即各向异性和较大的抗磁化率。碳纳米管是一维纳米材料，相应磁特性的各向异性表现明显。将碳纳米管的这一特性应用于航天器和卫星的电磁开关，是目前碳纳米管应用研究的一个热点。

2. 场发射性能

碳纳米管纳米级尺寸决定了其较低的阈值电压，即在较低的工作电压下即可产生较大的局部场强，从而发射电子，并且由于较强的碳碳结合键，使碳纳米管可以长时间工作而不受损害，具有良好的场致电子发射性能。另外，碳纳米管具有很高的场发射电流密度，载流能力很大，能够承受较大的场发射电流，在普通高真空度下长期稳定地工作[28-31]。另外，碳纳米管顶端形成的电场使电子较易发射，是一种低逸出功材料，无需对其电子施加额外的能量，可以形成冷场致发射。利用这一特性，碳纳米管不仅可以提高场发射平面显示器的性能，而且能够降低能耗，有着广阔的应用前景。

3. 热传导性能

碳纳米管具有高热导率和单向导热的热学性能[32, 33]，是已知的最好的导热材料。碳纳米管凭借超声波在其一维方向传递热能。以 sp^3 杂化形成结合的碳碳键具有较高的热导率，而碳纳米管的碳碳键以更强的 sp^2 杂化态存在，并且小的径向尺寸降低了声子的维数，更有利于声子的传导。碳纳米管的热导率和碳纳米管的长度有一定的关系。

碳纳米管优异的导热性能将使它成为今后计算机芯片的导热板，也可用于发动机等各种高温部件的散热部件。

4. 储氢材料

碳纳米管是极具潜力的储氢材料[34-38]，其表面和内部都具有分子级细孔，比表面积大，气体可以在管中凝聚，从而吸附大量气体。从现有的实验结果和理论计算来看，碳纳米管储氢能力达到DOE标准，即 6.5%(质量分数)和 62kg/m^3，在储氢应用方面具有很大的发展潜力。碳纳米管吸附的氢气量和碳纳米管的表面积、直径、表面活化和掺杂有很大关系。将碳纳米管应用在燃料电池系统中用于氢气存储，对电动汽车的发展具有非常重要的意义。

5. 碳纳米管复合材料

由于碳纳米管的碳原子之间通过强共价键结合，其结构是比较完整的碳网格，缺陷很少，其强度接近于碳碳键的强度。而且，碳纳米管是中空的笼状物并具有封闭的拓扑构型，能通过体积变化来呈现弹性，具有优异的力学性能[39, 40]。碳纳米管的强度和韧性极高，弹性模量也极高。单壁碳纳米管的拉伸强度是钢的 100 倍，而质量只有钢的 1/6，可将其用作复合材料的增强体用于高技术领域。另外，碳纳米管还具有优良的热、电和光学性能[41-44]，在提高材料力学性能的同时，还能提高材料在热、电和光学方面的性能。碳纳米管聚合物复合材料是第一个得到工业应用的碳纳米管复合材料。由于较低的加入量和纳米级尺寸，在提高复合材料光电性能时不会降低其力学及其他性能，适用于塑料件的成型加工。

1.1.4 碳纳米管的制备

1. 石墨电弧法

石墨电弧法是最早用于制备碳纳米管的工艺方法[45]，与制备富勒烯类的方法相似。在惰性气体气氛中，在两个相距很近的石墨电极间加上高电压至放电，在电弧放电的过程中，阳极石墨棒上的碳物质迅速蒸发，随后蒸发的碳原子团簇形成多种碳物质形态，沉积于阴极石墨棒上，其中便包括碳纳米管[46-54]。电弧法生成的碳纳米管结晶性高、尺寸单一，是目前合成高质量碳纳米管主要采用的方法，但制备过程通常十分剧烈，难以控制进程和产物，对分离和提纯有很多不利的影响。为了提高产物中碳纳米管的含量，可以在阴极中加入催化剂。采用过渡金属(镍或铁)、双金属(稀土金属和过渡金属)催化剂制备高产量的单壁碳纳米管有很好的效果[55-57]。

2. 激光蒸发法

激光蒸发法是指采用激光束刻蚀高温炉中的石墨靶，惰性气体带动石墨蒸发产物沉积在水冷铜柱上，碳纳米管就存在于该产物中。Smalley 等首次使用激光蒸发法实现了单壁碳纳米管的批量制备，并用类似的设备制备出多壁碳纳米管[58-61]。在激光蒸发环境中，多壁碳纳米管是纯碳蒸气的固有产物。在多壁碳纳米管的生长过程中，端部层与层的边缘碳原子可以成键，从而避免端部的封口，促进多壁碳纳米管生长。激光蒸发法的主要缺点是碳纳米管的纯度较低，且需要昂贵的激光器，成本高，难以推广应用。

3. 化学气相沉积法

化学气相沉积法(chemical vapor deposition，CVD)的基本原理为含有碳源的气体 C_6H_6、C_2H_2、C_4H_4 等流经催化剂表面时分解，沉积生成碳纳米管。这种方法具有生长条件可控、易于批量生产等优点，且得到的碳纳米管强度高，是合成碳纳米管的主要方法之一。Yacaman 等[62]最早采用铁和石墨颗粒作催化剂，在 700℃常压条件下分解乙炔获得碳纳米管。还有研究分解其他气体(如乙烯[63-75]等)也成功地获得了碳纳米管。催化剂由金属催化剂和载体组成，一般为过渡金属、镧系元素或其混合物。含有过渡金属的催化剂催化效果较好，原因在于金属颗粒中碳原子的扩散能小、扩散系数大，有利于碳原子在金属中的扩散，从而保证所需的碳浓度，并能提高碳原子的活性。碳纳米管的直径也在很大程度上受催化剂颗粒尺寸的影响。由于金属原子吸附能随吸附簇尺寸的减小而增加，易吸咐碳原子，同时金属簇愈合缺陷的能力也随尺寸的减小而增强。另外，催化剂的载体、金属催化剂与载体的配比、反应工艺条件对碳纳米管的制备都有着很大的影响。通过选择催化剂种类与粒径及控制工艺条件，可获得纯度较高、尺寸分布较均一的碳纳米管[76]。

4. 催化热解法

催化热解法是在高温及催化剂的作用下，热解易分解的有机物碳源产生碳原子，在催化剂颗粒上被催化，重新排布生成碳纳米管。采用不同的原料气制得的碳纳米管的量、形貌、性能等各不相同。400～1000℃的温度范围内，甲烷、一氧化碳、乙炔、苯等均可作为碳源。催化剂一般使用过渡金属元素及其组合[77]。另外，将有机金属二茂铁、二茂镍和二茂钴[68, 78-81]在高温氩气和氢气中热解也可以得到碳纳米管。这些金属化合物热解后不仅提供了碳源，同时也提供了催化剂粒子，其生长机制与催化热解法相似。

5. 其他方法

除了对传统制备方法的改进，全新制备技术的研究也取得了很多成果。制备碳纳米管的其他方法还有模板法[82]、固相复分解反应制备法[83]、水热法[84]、超临界流体技术[85]、水中电弧法[86]等。

1.1.5 碳纳米管的纯化

无论用上述何种方法制备的碳纳米管都会有杂质存在，这些杂质与碳纳米管混杂在一起，限制了碳纳米管的研究和应用，需要对碳纳米管进行纯化。碳纳米管的纯化有三方面的意义：一是除去催化剂颗粒，二是除去杂质碳，三是消除碳纳米管生长过程中的结构缺陷。提高碳纳米管纯度的方法主要是利用杂质和碳纳米管间的物理和化学性质不同，使用特殊的物理和化学方法分离出碳纳米管。

物理方法是根据碳纳米管与杂质在粒径、形状、密度和电性能等方面的差异进行分离，包括离心分离法、电泳纯化法、过滤纯化法和空间排斥色谱法等。其机理通常为通过超声分散，使黏附在碳纳米管上的杂质脱落，通过各种分离手段进行纯化。物理方法不会破坏碳纳米管的结构，但分离效果不佳[87]。

化学方法是根据无定形碳、碳纳米颗粒和碳纳米管等杂质沉积碳之间氧化速率的不同来实现分离的。其中无定形碳为多层状结构，边缘存在较多悬挂键，能量较高，最容易被氧化；碳纳米颗粒为多面体结构，有较多的五元环存在，有较高的反应活性，易与新生的氧原子反应；碳纳米管结构稳定，反应活性较低，能够稳定存在[88]。基本方法包括液相腐蚀法[89]、气体氧化法[90-92]等。此外，还有高温退火[93]和化学改性[94]等其他纯化方法。

1.1.6 碳纳米管的功能化及其应用

为了进一步发挥和改善碳纳米管的性能，碳纳米管的功能化处理已经成为目前研究的重要领域。对碳纳米管进行功能化修饰的方法包括物理法和化学法等多种方法，可得到不同性能的碳纳米管衍生物。

1. 掺杂

掺杂是改变碳纳米管电性能的方便有效的方法，化学掺杂可增加自由电荷载流子的密度从而增强其导电性能。掺杂碳纳米管可被视为一种新的合成导体，其电学性能取决于其组分。

2. 表面覆层

碳纳米管经表面活性剂或化学预处理后，通过表面化学电镀、气相沉积、高能束流辐照等方法，使其表面可以被一些金属离子或金属团簇所修饰[95, 96]。例如，Satishkumar 等[97]制备了 Au、Pt 和 Ag 纳米颗粒修饰的经酸处理的碳纳米管；Chen 等[98]也制备了表面镀钴的碳纳米管，得到了质量非常好的镀层。

3. 填充

碳纳米管由于具有管状结构，可作为模板来制备其他的一维纳米材料，即在碳纳米管中填充金属或氧化物[99-103]，或包覆不同的材料制得各种纳米金属导线。金属引入碳纳米管很大程度地改变了它们的传导性能、电性能、磁性能和力学性能，在基础理论和潜在应用方面有相当大的意义。

4. 表面化学修饰

π 键使其表面既不亲水也不亲油，在各种溶剂中均难以分散和溶解[104, 105]，限制了碳纳米管的应用[106]。采用表面化学修饰的手段对碳纳米管进行改性，不但可以提高碳纳米管在水中和有机溶剂中的溶解性，还可以增加碳纳米管与基体的相容性。碳纳米管的管壁是由碳的六元环构成的，不同种类的化合物与碳纳米管之间相互作用，通过化学反应增加碳纳米管在不同溶剂中的溶解性能，从而将碳纳米管引入有机、无机和生物体系等[107-110]。

利用氧化剂对碳纳米管进行氧化，是碳纳米管在结构缺陷处被打断，并接上一些官能团，如羧基、羟基、羰基等，在此基础上进行下一步化学反应。目前采用的氧化剂主要为硝酸、混酸(浓硫酸/硝酸)、中性双氧水、氢氧化钾、高锰酸钾等。其中，强酸处理碳纳米管得到了广泛应用[111-113]。Liu 等[111]就利用强酸超声氧化的方法首次合成了可溶性的单壁碳纳米管，这种碳纳米管在通常的有机溶剂中有较好的溶解性。利用氧化碳管上的官能团进行进一步的改性，如通过酯化[114]、酰胺反应[115, 116]，各种有机分子或高聚物就能连接到碳纳米管上。

除了氧化反应，许多有机反应也可应用于碳纳米管。如直接加成反应[117, 118]、伯奇(Birch)还原加氢反应[117, 119]、氟化反应[120]、烷基化反应[121]、芳基化反应[122]等，通过对碳纳米管的改性，可以得到一系列不同官能团的碳纳米管衍生物。

1.2 碳纳米管复合材料的研究进展

1.2.1 概述

随着碳纳米管合成产率的提高，碳纳米管的化学改性及碳纳米管与聚合物的复合受到广泛的关注。1994 年，Ajayan 等首次报道了碳纳米管聚合物复合材料[123]。由于碳纳米管具有优异的热性能、光电性能和力学性能，其与聚合物的复合可以实现组元材料的优势互补或加强。通过碳纳米管的功能化，提高了碳纳米管在不同环境中的溶解能力、分散性和相容性，将其作为功能和增强材料添加到聚合物中制备纳米复合材料，对改善聚合物性能显示出巨大的应用潜力，在高分子复合领域成为卓越的填料。

1.2.2 碳纳米管复合材料的制备

碳纳米管纳米复合材料的制备方法主要有以下几种[124, 125]：

1. 熔融共混法

熔融共混法是将改性后的碳纳米管作为复合材料中的纳米填充体，利用碳纳米管上的官能团与有机相的亲和力使有机物和无机物复合。该法制得的碳纳米管复合材料的力学性能和电性能都有很大的提高。

Liu 等[126]用双螺杆挤出制备了多壁碳纳米管/尼龙 6 复合材料。通过该复合材料超薄切片的 TEM 照片发现多壁碳纳米管在尼龙 6 中分散性很好。从该复合材料断面的 SEM 照片可以发现二者之间有很强的界面结合。多壁碳纳米管的加入，提高了多壁碳纳米管/尼龙 6 复合材料的拉伸强度、模量和硬度等性能。

通过适合的熔融共混法可以得到定向排列的碳纳米管复合材料。Kumar 等[127]用熔融共混法制备了碳纳米管/聚丙烯复合纤维。通过 SEM 照片观察发现碳纳米管在整个复合纤维中没有明显的团聚现象，碳纳米管在接近 PP 纤维表面比其在纤维内层有更好的定向。

2. *溶液共混法*

溶液共混法是利用碳纳米管上的官能团和有机相的亲和力或空间位阻效应来达到与有机相良好的相容性。一般是用超声波将碳纳米管分散在目标聚合物的良溶剂中，再加入该目标聚合物使之溶解，最后除去溶剂制得碳纳米管/聚合物复合材料；或者直接将碳纳米管加入到目标聚合物溶液中，经分散后除去溶剂即可。

Biercuk 等[128]将环氧溶解在超声波分散过的碳纳米管悬浮液中，溶剂蒸发后可得到分散均匀的环氧碳纳米管复合材料。陈利等[129]向聚碳酸酯的氯仿溶液中加入碳纳米管，经搅拌、超声辐射后除去溶剂得到不同碳纳米管含量的双酚 A 型碳酸酯复合材料。实验发现碳纳米管分散均匀，两相有较强的结合力。

Bower 等[130-132]将超纯碳纳米管和聚合物放入甲苯等溶剂中超声振荡，分散均匀后采用喷涂、提拉等方法成膜。实验发现，当碳纳米管含量较低(<5%)时，碳纳米管镶嵌在聚合物的矩阵中，分散基本均匀，形成的聚合物/碳纳米管复合膜具有较高的硬度和热、电稳定性。王志苗等[133]在强搅拌下向碳纳米管和尼龙 66 的甲醇溶液中缓慢加入乙醇，使碳纳米管/尼龙 66 析出制得复合材料。对复合材料的结晶和热性能进行分析发现，碳纳米管对尼龙 66 具有异相成核作用，并对其分解过程中产生的自由基有强烈的吸附作用，延缓了尼龙 66 的分解速率。

3. 原位聚合法

原位聚合法是指将碳纳米管均匀分散到聚合物单体中，在引发剂作用下单体发生聚合从而生成复合材料。利用碳纳米管表面的π键或其表面的官能团参与链式聚合反应，可以形成分散性较好的聚合物/碳纳米管复合材料。原位聚合法可以较容易地实现碳纳米管在复合材料中的均匀分散，并且聚合物一次成型，避免了再次加工的降解。

赵东宇等[134]用原位聚合法制备了碳纳米管/聚苯胺纳米复合材料，该材料的电导率随着碳纳米管含量的增加而增加。张靖宗等[135]用原位聚合法制备了多壁碳纳米管/聚对苯二甲酸乙二醇酯(PET)复合材料，发现碳纳米管能提高复合材料的稳定性。

Jia等[136]用原位聚合法合成了聚甲基丙烯酸甲酯/碳纳米管复合材料。实验显示，自由基引发剂2，2'-偶氮二异丁腈可以打开碳纳米管上的π键，使其参与单体的聚合，制得的复合材料有较强的复合界面。

4. 共价键接枝法

共价键接枝法是指改性碳纳米管直接与聚合物反应或引发高分子的单体聚合，得到通过共价键与聚合物相连的碳纳米管聚合物复合材料，使碳纳米管在基体中的相容性和分散性提高，更好地发挥碳纳米管的优势[108, 137-140]。

共价键改性碳纳米管的方法还可以分为“grafted from”和“grafted to”两种。“grafted from”是指聚合物单体从碳纳米管的表面聚合的方法，而“grafted to”是指聚合物端基与碳纳米管表面的官能团反应，从而将聚合物的共价键接枝于碳纳米管表面[141, 142]。

Kong等[143]用“grafted from”的方法，通过原位的原子转移自由基反应将聚苯乙烯共价键接枝于碳纳米管表面。结果表明，聚苯乙烯的热性能由于碳纳米管的共价键连接得到了大幅度的提高，且分散性良好。Yoon等用“grafted to”的方法，将不同分子量的聚乳酸共价键接枝于碳纳米管表面形成聚乳酸碳纳米管复合材料[144]。实验表明用“grafted to”的方法接枝碳纳米管时，聚合物的分子不宜过大。

5. 其他方法

随着碳纳米管复合材料研究的不断深入，制备聚合物碳纳米管复合材料的新颖技术也不断涌现，如溶胶-凝胶法、化学气相沉积法等。

溶胶-凝胶法[145]是金属有机或无机化合物在溶剂中水解并缩合成溶胶，然后通过去除溶剂和加热成为凝胶，最终制得固体化合物的方法。化学气相沉积法是借助空间气相化学反应在基材表面沉积固态膜层的工艺技术。利用化学气相沉积法将碳纳米管排列沉积在聚合物表面来制备碳纳米管/聚合物复合材料。

1.2.3　碳纳米管复合材料的性能

目前碳纳米管聚合物复合材料的研究主要集中在利用碳纳米管的特性达到材料的增强，或实现提高材料导电性、电磁屏蔽和光电子发射的目的。

通过制备分散良好的碳纳米管聚合物复合材料，研究二者的界面相互作用机理，从而有效地利用碳纳米管优异的强度等力学性能制备性能优越的复合材料。Qian 等[146]制备了多壁碳纳米管/聚苯乙烯复合材料，发现 1%(质量分数)的碳纳米管会使聚合物的弹性模量和断裂应力分别增加 36%～42%和 25%。

碳纳米管具有纤维状结构，如果均匀分散在聚合物材料中，便可在聚合物基体中形成导电通道，根据添加量的不同，可制备抗静电型材料或导电材料。余颖等[147]研究了碳纳米管/三元乙丙橡胶复合材料的电性能，结果表明，随着碳纳米管含量的增加，橡胶的导电性逐渐增大，在其含量为 10 份时，导电性提高了 6 个数量级。

碳纳米管从可见光区到红外光区有广泛的光限幅特性[148]。某些碳纳米管/共轭聚合物复合材料有良好的光学特性。Jin 等[149]在碳纳米管/聚乙二醇、碳纳米管/聚氧化乙烯接枝共聚物的研究中发现，碳纳米管有显著的非线性光学性质。

碳纳米管在聚合物复合材料中主要被用作材料增强体，用于改善材料性能和材料内部结构。碳纳米管具有很多优异及独特的性能，并具有较低的密度和良好的结构稳定性，使之在复合材料领域具有广阔的应用前景。随着碳纳米管分散工艺的提高及聚合方法的改进，碳纳米管复合材料在更多领域得到了更广泛的应用。

1.3 浇铸尼龙的改性研究

1.3.1 概述

聚酰胺通常俗称尼龙(PA)，是大分子主链重复单元中含有酰胺基团的树脂的总称。尼龙是一种应用广泛的热塑性工程材料，主要用于家电、电子、汽车等行业的配套件。常用的尼龙有尼龙6、尼龙66、尼龙610、尼龙1010、浇铸尼龙(MC尼龙)等。尼龙名称后面的数字表示这种高聚物中的链节所含的碳原子数。制造尼龙的方法有两种：一是由氨基酸脱水制成内酰胺，然后聚合制得，称为尼龙X；二是由二元酸与二元胺反应，制得含酰基和氨基的线型高分子化合物，称为尼龙XY。其中，X为氨基酸中的碳原子数，X和Y分别为二元胺和二元酸中的碳原子数。尼龙的链段中具有极性的酰胺基团，这个基团上的氢能与另一个酰胺基团上的羰基形成相当强的氢键。因此，尼龙的大分子链之间作用力大，内旋转受阻，结构发生结晶化，熔点升高。尼龙制品有良好的力学性能、耐油性和耐溶剂性，有一定的吸水性和耐热性。

MC尼龙是尼龙塑料中的一个特殊品种，是在常压下将熔融的ε-己内酰胺单体用强碱性物质作催化剂，与助催化剂混匀后，直接注入模具内快速聚合而成的。MC尼龙在分子结构上属于尼龙6，但由于是在较低的温度下快速聚合成型，因此具有很高的分子量和结晶度，各项物理性能、力学性能都比普通尼龙6有所提高[150]。浇铸尼龙具有力学强度高、韧性好、电性能良好、耐磨、耐油、耐弱酸弱碱及易于成型加工等优良性能。MC尼龙的用途很广泛，主要用于代替铜等金属材料，用作机械设备的耐磨、传动、密封等零件。在冶金、国防、地质、化工、机车、汽车、食品、纺织等各轻、重工业部门都获得了广泛应用。

1.3.2　MC 尼龙的聚合

1. MC 尼龙的聚合机理

碱性阴离子聚合是在碱催化作用下，使 ε-己内酰胺形成活泼的阴离子，这种阴离子起催化剂作用，使聚合反应快速进行。碱性阴离子聚合机理大致可分为以下三个阶段[151, 152]：

(1) 内酰胺阴离子的形成。

在己内酰胺中加入氢氧化钠或金属钠都能形成己内酰胺盐，这种盐具有很强的极性，能使己内酰胺分子成为活泼的阴离子，催化己内酰胺开环聚合，具体反应如下所示。为提高己内酰胺阴离子浓度，必须抽真空，以排除副产物使平衡向右移动。

$$\mathrm{NaOH}+\underbrace{\overset{\mathrm{H}}{\overset{|}{\mathrm{N}}}\text{———}\overset{\mathrm{O}}{\overset{\|}{\mathrm{C}}}}_{\mathrm{(CH_2)_5}} \rightleftharpoons \underbrace{\mathrm{Na^+N^-}\text{———}\overset{\mathrm{O}}{\overset{\|}{\mathrm{C}}}}_{\mathrm{(CH_2)_5}}+\mathrm{H_2O}$$

$$\mathrm{Na}+\underbrace{\overset{\mathrm{H}}{\overset{|}{\mathrm{N}}}\text{———}\overset{\mathrm{O}}{\overset{\|}{\mathrm{C}}}}_{\mathrm{(CH_2)_5}} \rightleftharpoons \underbrace{\mathrm{Na^+N^-}\text{———}\overset{\mathrm{O}}{\overset{\|}{\mathrm{C}}}}_{\mathrm{(CH_2)_5}}+0.5\mathrm{H_2}$$

(2) 链引发和链增长。

己内酰胺阴离子进一步与单体发生亲核加成反应而开环，形成活性胺阴离子二聚体。活性二聚体迅速与单体发生质子交换，又生成酰化二聚体，同时己内酰胺阴离子再生。酰化二聚体是聚合的引发活性中心，但由于单体上酰胺键—NH—CO—的碳原子活性不够，不容易与己内酰胺阴离子作用形成活性二聚体，因此己内酰胺阴离子聚合开始有一段诱导期。当加入酰氯、酸酐或异氰酸酯类物质作为活化剂，如乙酰基己内酰胺、TDI 等，会降低反应需要的活化能，将会大大缩短反应的诱导期并使反应在较低温度下聚合增长。

$$\underset{\lfloor (CH_2)_5 \rfloor}{\overset{H}{N}\text{———}\overset{O}{\overset{\|}{C}}} + \underset{\lfloor (CH_2)_5 \rfloor}{N^-\text{———}\overset{O}{\overset{\|}{C}}} \longrightarrow {}^-NH(CH_2)_5CO\text{—}\underset{\lfloor (CH_2)_5 \rfloor}{N\text{———}\overset{O}{\overset{\|}{C}}}$$

$$\underset{\lfloor (CH_2)_5 \rfloor}{\overset{H}{N}\text{———}\overset{O}{\overset{\|}{C}}} + {}^-NH(CH_2)_5CO\text{—}\underset{\lfloor (CH_2)_5 \rfloor}{N\text{———}\overset{O}{\overset{\|}{C}}}$$

$$\longrightarrow NH_2(CH_2)_5CO\text{—}\underset{\lfloor (CH_2)_5 \rfloor}{N\text{———}\overset{O}{\overset{\|}{C}}} + \underset{\lfloor (CH_2)_5 \rfloor}{N^-\text{———}\overset{O}{\overset{\|}{C}}}$$

当 *N*-酰化己内酰胺二聚体中，氨基己酰己内酰胺具有 $\text{—}\overset{O}{\overset{\|}{C}}\text{—}\overset{|}{N}\text{—}\overset{O}{\overset{\|}{C}}\text{—}$ 酰亚胺基结构时，具有很强的亲电性，成为链引发的活性中心。这个活性中心极易与再生的酰胺阴离子发生亲核加成反应，使 *N*-酰化己内酰胺环开环，形成活性 *N*-酰化己内酰胺三聚体，并很快与单体再发生质子交换反应，生成三聚体和己内酰胺阴离子，如此反应，完成链增长。

$$NH_2(CH_2)_5CO\text{—}\underset{\lfloor (CH_2)_5 \rfloor}{N\text{——}\overset{O}{\overset{\|}{C}}} + \underset{\lfloor (CH_2)_5 \rfloor}{N^-\text{——}\overset{O}{\overset{\|}{C}}} \longrightarrow NH_2(CH_2)_5CO\text{—}\underset{\lfloor (CH_2)_5 \rfloor}{N^-\text{——}\overset{O}{\overset{\|}{C}}}$$

$$\xrightarrow{\underset{\lfloor (CH_2)_5 \rfloor}{HN\text{———}C{=}O}} NH_2(CH_2)_5CO\text{—}NH(CH_2)_5CO\text{—}\underset{\lfloor (CH_2)_5 \rfloor}{N\text{———}\overset{O}{\overset{\|}{C}}}$$

$$\xrightarrow{\underset{\lfloor (CH_2)_5 \rfloor}{{}^-N\text{———}C{=}O}} \text{以下类推}$$

上述反应的速率相当快，每个分子的酰亚胺成为一个链增长中心，反应体系黏度急剧上升，很快变成固态。反应过程中，为了控制聚合物的分子量，往往加入助催化剂来控制分子链的增长速率，使聚合反应平稳进行。

(3) 平衡反应与结晶过程：由于阴离子聚合反应在聚合物熔点以下进行，聚合后期的反应特征是分子链迅速增长，并伴随聚合物的结晶和凝固。

2. 影响聚合的因素

(1) 单体纯度及杂质：己内酰胺纯度对碱性阴离子催化聚合比对水解聚合的影响更为敏感。单体中微量的水会使己内酰胺钠盐逆反应生成己内酰胺与氢氧化钠，还会使己内酰胺水解。氢氧化钠也会使增长链活化中心水解，水解作用及其他杂质，如醇、胺、键等的阻聚作用，都会使分子量下降，导致 MC 尼龙的力学性能劣化。

(2) 催化剂的用量：主催化剂用量增加会加快聚合速率，但对聚合物分子量影响不大；碱量过多往往会使产品易于老化而导致变黄，并且在反应过程中发生热降解；增加助催化剂的量，会使聚合物的分子量下降，降低 MC 尼龙的机械强度。

(3) 温度的影响：用异氰酸酯类作助催化剂时，物料温度以 130～140℃较为合适。成型浇铸温度要根据实际操作情况作具体的调整。如果浇铸的物料温度(即起始温度)过高时，则倾向于产生缩孔和孔道；起始温度过低时，则由于瞬时分离出来的聚合物在单体中的不完全溶解形成微孔。模具的温度一般略高于注入的活性料温度。在浇铸过程中，控制成型条件可以影响其结晶度、球晶和分子量的大小，从而影响其物理机械性能。

(4) 环境条件的影响：微量水的存在对聚合有很强的破坏作用，因此如果反应物料是敞口接触环境空气时，空气中相对湿度应控制在 50%～55%及以下。

1.3.3 MC尼龙的改性

虽然MC尼龙的综合性能相对其他工程塑料而言具有很多优点，如高强、轻质、耐冲击、耐温等[153]，但也存在耐强酸强碱能力较差、吸水率高、尺寸稳定性差等缺点，限制了其进一步推广使用。同时，随着实际应用的发展，对MC尼龙材料也提出了更高的要求。为此，国内外通过共聚、共混、填充、增强和分子复合等方法对MC尼龙进行了改性研究，使MC尼龙向更高性能和更高功能的方向发展。根据改性的方法不同，通常将MC尼龙的改性分为物理改性和化学改性两大类。

物理改性是指依靠不同组分之间的物理作用，如吸附、络合或氢键等作用，以及整个组分的力-形变及形态变化来实现改性的一类改性方法。物理改性包括共混改性、交联改性及聚合物的形态控制和表面改性。物理改性是在己内酰胺聚合活性单体料中加入无机填料、晶核试剂、增强增韧剂和防老剂等助剂，然后进行阴离子聚合成型。这些外来助剂的加入并不会改变MC尼龙的分子结构，而是通过改变形态相结构，从而达到提高材料的物理机械性能，改善制品后加工性能及降低成本的目的。李小宁和董墨林[154]在单体MC尼龙中添加10%沥青基短切碳纤维，显著提高了材料的导热性能，而且使材料的机械性能和自润滑性都得到提高。张士华等[155]采用阴离子聚合反应制备了MC尼龙蒙脱土纳米复合材料，蒙脱土以部分剥离的多片层聚集体均匀地分散在尼龙基体中，起到增强增韧作用。

化学改性是指在改性过程中大分子链的主链、支链与大分子链之间发生化学反应的一类改性方法，包括共聚反应、接枝反应及官能团反应等。从单体结构出发，有各种C-甲基取代的己内酰胺与内酰胺共聚，还有己内酰胺与十二内酰胺共聚。十二内酰胺共聚是目前应用较为普遍的一种方法[156]，对材料的韧性有比较大的提高。而用不同官能团作助催化剂，可以得到不同分子结构和不同分子量的聚合产物。例如，用三官能团的JQ-1胶作助催化剂时，比用双官能团的甲苯二异氰酸酯作助催化剂显示出更好的冲击性能和低温性能。Petmv 等[157]通过 MC 尼龙/PE 共聚改性复合材料能较好地满足承受冲击载荷和低温处使用的实际需要。

1.4 聚丙烯的改性研究

1.4.1 聚丙烯简介

聚丙烯(PP)是一种原料丰富、性价比高的热塑性通用塑料。根据聚丙烯主链中叔碳上甲基在空间的不同排列方式，可分为等规聚丙烯(iPP)、间规聚丙烯(sPP)和无规聚丙烯(aPP)。其中，iPP 和 sPP 为结晶材料，而 aPP 为非晶材料，目前工业生产中的聚丙烯大多数为 iPP。

iPP 是一种典型的结晶性聚合物，其晶型主要有 α、β、γ、δ 等几种形式[158-162]。α 晶为单斜晶系，是在热力学上稳定的晶型。在该晶型结构中，主要的形式为径向层和轴向层呈较为复杂的交叉孔状排列，因此具有很好的机械强度。β 晶为六方晶系，是一种热力学不稳定的晶型，只能在特殊的条件下获得，如温度梯度法[163, 164]、剪切作用[165-167]和加入 β 晶成核剂[168-175]。β 晶能显著提高聚丙烯的断裂伸长率和抗冲击强度[176, 177]，尤其是在低温下效果更明显。主要原因在于聚丙烯受到冲击时，β 晶向 α 晶转变时吸收了冲击能量[166, 171]。γ、δ 晶型在聚丙烯结晶中较少碰到[178-180]，γ 晶只在高压和低分子量聚丙烯中可以观察到。

聚丙烯是拥有良好发展前途的热塑性塑料之一，与其他通用热塑性塑料相比，具有价格低、密度小、屈服强度和拉伸强度等力学性能优异、耐磨性和化学稳定性好、加工容易、应用范围广泛等优点。这些优点使得聚丙烯在汽车、电器、日用品等领域得到广泛的应用，并向其他热塑性塑料、工程塑料等应用领域不断扩展。但是，相对于大部分的工程塑料来说，聚丙烯也存在硬度低、模量低、耐热性差等缺点，限制了聚丙烯进一步的应用。而且，聚丙烯是非极性结晶性聚合物，表面活性低，难以进行染色、涂装，也难以与其他聚合物或填料共混，给开发聚丙烯共混复合材料带来了很大的困难。因此，近年来对聚丙烯的改性研究成为国内外许多学者研究的重点和热点。

1.4.2 聚丙烯的改性技术

1. 化学改性

化学改性是指通过接枝或共聚在聚丙烯分子链中引入其他组分，或者通过交联作用改变聚丙烯的分子链结构，使聚丙烯的耐冲击性能、耐热性和抗老化性提高。化学改性包括接枝、交联、氯化和共聚等。

(1)接枝改性：接枝法包括溶液接枝法、熔融接枝法、固相接枝法和悬浮接枝法等。溶液接枝法是先将聚丙烯溶解在一定溶剂中，然后加入引发剂和单体进行接枝反应。胡海东等[181]研究了反应条件对聚丙烯溶液接枝的接枝率的影响。溶液接枝法接枝率高，操作简单，但需要大量的有机溶剂导致成本高且污染环境而越来越受到限制。熔融接枝法是指在聚丙烯的熔点以上，将聚丙烯和单体等在一定条件下熔融挤出。熔融接枝法具有无需回收溶剂、可连续生产等优点，但反应过程中高温导致聚丙烯链容易断裂降解，接枝率较低[182, 183]。加入第二种单体或其他助剂可降低聚丙烯降解。Berzin 等[184]用双螺杆熔融挤出接枝聚丙烯时，发现挤出时加入亚油酸三甘酯可有效抑制降解。固相接枝法是指在较低的温度下，用引发剂引发聚丙烯和单体接枝共聚[185, 186]。悬浮接枝是将聚丙烯和单体在水相中进行反应。杨明莉等[187]在聚丙烯水悬浮液中以 BPO 为引发剂，在水沸点下搅拌进行接枝反应，可通过控制聚丙烯颗粒大小来控制接枝率。而徐建平等[188]采用超声波溶胀聚丙烯悬浮接枝聚苯乙烯，得到了较佳的工艺条件。

(2) 交联改性：交联改性分为辐射交联和化学交联。辐射交联是在光或高能射线的作用下进行的[189, 190]，熊茂林等[189]在 Co-γ 射线的辐射下，以多官能度丙烯酸酯类单体为辐射敏化剂，将线性聚丙烯改性为具有长支链结构的高熔体强度聚丙烯。化学交联是在有交联助剂的作用下进行的[191]，常用的交联助剂有对醌二肟、对二苯甲酰苯醌二肟、甲基丙烯酸甲酯、二甲基丙烯酸乙二醇酯等。

(3) 共聚改性：共聚改性是采用高效催化剂在聚合阶段，加入烯烃类单体进行共聚，从而生产无规、嵌段、交替等共聚物来进行改性。张广平等[192]在成核剂和纳米碳酸钙存在下进行了丙烯共聚，发现复合材料的结晶速率和纯聚丙烯相比有大幅提高，其力学性能和热变形温度也得到改善。

2. 物理改性

物理改性是指在聚丙烯基体中加入其他增强材料或有特殊功能的添加剂，通过混炼而制成聚丙烯复合材料，提高聚丙烯的性能。物理改性可分为填充改性、增强改性、共混改性和功能改性等。

(1) 填充改性：填充是指将无机或有机填料分散到聚丙烯基体中，使聚丙烯的性能得到提高或成本降低。常用的填料有碳酸钙、滑石粉、硅灰石和木粉等。该法广泛运用，有利于降低聚丙烯的成本，并且能提高材料的刚性、硬度和耐热性。Pastor 等[193]采用表面包覆硬脂酸的纳米碳酸钙颗粒和聚丙烯进行熔融共混，制备纳米碳酸钙/聚丙烯复合材料，使用拉曼光谱研究了纳米碳酸钙对聚丙烯分子取向的影响。Hattotuwa 等[194]研究滑石粉填充改性聚丙烯复合材料，发现其杨氏模量、弹性模量等性能得到了提高。张国立等[195]研究木粉改性聚丙烯复合材料时，发现长径比大的木粉除起填充作用外，还可提高聚丙烯力学性能。Hsiao 等[196]通过熔融共混制备了聚丙烯/POSS 纳米复合材料。Thomas 和 Josephs[197]通过熔融插层方法制备了聚丙烯/有机蒙脱土纳米复合材料，发现聚丙烯蒙脱土纳米复合材料的拉伸强度与模量都有很大的提高。

(2)共混改性：共混改性是指将两种或两种以上的高聚物共混制得兼具这些高聚物性质的共混物合金。共混改性可以提高聚丙烯的抗冲击性能、热稳定性和韧性，扩展聚丙烯的应用领域。聚丙烯与聚酰胺共混可以改善染色性，提高耐热性。丁苯橡胶在提高聚丙烯韧性的同时又能保持其刚性[198, 199]。Velichko 等[199]制备了 PP/SBR 的共混物，发现该共混物的弹性模量、屈服应力及缺口冲击强度都有显著提高。贺燕等[200]将聚乙烯与聚丙烯共混改性改变卷绕丝中聚丙烯的纤维结构，使复合纤维的卷丝断裂伸长率和可拉伸性均得到改善。为了提高聚丙烯材料的综合性能，可采用聚丙烯/弹性体/刚性粒子共混的方法。Hong 等[201]制备了 PP/EPDM/ SiO_2 复合材料，发现 PP/EPDM/SiO_2 三元混合材料的缺口冲击强度随着 SiO_2 含量的增加而增加，比 PP/EPDM 二元混合物增强了 2～3 倍，比纯 PP 增强了 15～20 倍。

(3)功能改性：功能改性是指使用具有特殊性能的添加剂对聚丙烯进行改性，使聚丙烯具有特殊功能。毕海峰等[202]采用无机离子 EM 共混改性聚丙烯纤维，使该复合纤维具有电磁屏蔽效果。王艳忠等[203]采用熔融纺丝法制备荧光粉改性聚丙烯纤维，制得的改性纤维具有持久的荧光特性和荧光防伪性。曹堃等[204]利用聚磷酸铵改性聚丙烯，提高了聚丙烯的阻燃效果。

1.5 碳纳米管在聚合物改性中的应用

Valentini 等[205, 206]通过熔融共混法制备了聚丙烯/单壁碳纳米管复合材料，并研究了碳纳米管对聚丙烯结晶行为的影响。另外，通过熔融共混法制备聚丙烯/乙丙橡胶/单壁碳纳米管复合材料，研究了复合材料的物理及力学性能。Wagner 等[137]采用溶液共混法制备了聚丙烯/多壁碳纳米管纳米复合材料，研究了多壁碳纳米管在聚丙烯结晶过程中的成核作用。Assouline 等[207]采用溶液共混的方法制备了聚丙烯碳纳米管复合材料，观察到多壁碳纳米管的成核效果显著，且复合材料的晶粒为纤维状而非通常的球粒状。Jacob 等[208]用溶液共混法制备了聚丙烯/单壁碳纳米管复合材料，用熔融纺丝法得到具有超常力学性能的聚丙烯纤维。

贾志杰等[209]通过原位法制备了碳纳米管/尼龙 6 复合材料，碳纳米管在尼龙 6 中分散均匀，复合材料的拉伸强度有较大幅度的提高，起到很好的增强作用。王平华等[210]采用 RAFT 活性聚合反应在碳纳米管表面接枝聚甲基丙烯酸甲酯，并制备了碳纳米管/尼龙 6 纳米复合材料。研究发现聚合物接枝到了碳纳米管表面，复合材料的力学性能有明显的提高。

由于目前对碳纳米管的认识还不够全面，而且碳纳米管/聚合物复合材料的制备工艺也不够完善，目前碳纳米管改性聚合物还存在许多问题。首先，碳纳米管很容易发生团聚，影响其在聚合物中的分散。其次，目前碳纳米管对聚合物的增强增韧机理还不明确，有待进一步的研究。最后，由于碳纳米管的价格一直较高，目前碳纳米管聚合物复合材料难以实现大规模产业化，降低碳纳米管的使用成本是一个亟待解决的问题。

1.6 计算机模拟在聚合物结晶中的应用

计算机模拟作为一门集计算机科学、现代数学方法、工程计算技术和系统科学学科为一体的新型交叉学科，在现代科学中的应用范围日趋广泛，已成为补充理论研究和实验研究的第三种方法。本质上，计算机模拟是在计算机上进行的实验，而实验的准确性取决于能够再现所模拟体系的数学模型的准确性。自从 Hay 等[211]通过对球晶的生长进行计算模拟来验证阿夫拉米(Avrami)方程以来，由于能够搭建理论与实验研究之间的“桥梁”，验证理论模型在描述实际过程中的偏差与不足，计算机模拟技术在聚合物结晶研究方面的应用越来越受到人们的关注。

Galeski[212, 213]通过模拟二维及三维球晶的生长获得 Avrami 方程的常数、球晶的尺寸分布及不同成核模式的球晶形态。Billon 等[214]基于 Evan 的理论提出一个描述等温结晶过程的模型，并采用计算机模拟的方法来验证模型的合理性。Piorkowska[215]将计算机模拟扩展应用到纤维增强的复合材料体系，验证推导得到的表达式及可视化结晶形态。Zhang 等[216]通过计算机模拟的方法对描述聚合物在非等温条件下结晶的模型进行对比。Doye[217]利用计算机模拟探究聚合物结晶的 Lauritzen-Hoffman 理论和 Sadler-Gilmer 理论。Bresme 和 Camara[218]基于分子动力学思想模拟纳米尺寸下聚合物的受限结晶。Ketdee 和 Anantawaraskula[219]模拟聚合物等温结晶动力学及球晶形态演变，研究球晶数目和生长速率在结晶中的影响。Lin 等[220]采用三维元胞自动机预测 MC 尼龙 6 等温结晶参数。周应国等[221]模拟冷却过程中温度场和结晶情况，将半结晶性聚合物熔体冷却过程及其结晶过程耦合，把宏观温度场结果作为介观模拟的输入，再把介观模拟的球晶生长情况作为宏观温度场模拟的输入，同时得到宏观与介观两个尺度的模拟结果。董知之等[222]采用蒙特卡罗(Monte Carlo)方法模拟高聚物非等温结晶过程，获得 PET 试样在熔体降温过程中相对结晶度随时间的变化曲线。陈健美等[223]考虑晶界能各向异性并应用蒙特卡罗模型模拟晶粒长大过程。综上所述，计算机模拟正逐步成为一种研究聚合物结晶过程、探索其过程影响因素的有效补充途径。

1.7 智能微粒群算法

智能微粒群算法(PSO)是由 Kennedy 和 Eberhart 等于 1995 年提出的一种进化计算技术[224]，其思想来源于鸟群的群体活动，是一种基于社会心理学的运算法则。与其他基于群体的进化算法(如遗传算法)相比，它们均初始化为一组随机解，通过迭代搜索最优解。不同之处在于，进化计算遵循“适者生存”法则，而微粒群算法模拟社会，将每一个可能产生的解表达为群中的一个“微粒”(particle)，这里所说的微粒是一个折中的选择，因为既需要将群体中的成员描述为没有质量、没有体积的，同时也需要描述它的速度和加速状态，每个微粒都具有位置向量和速度向量，以及一个由目标函数决定的适应度。所有微粒在搜索空间中以一定的速度飞行，通过追随当前搜索到的最优值来寻找全局最优[225]。由于 PSO 算法概念简单，容易实现，短短几年时间，PSO 算法便获得了很大的发展，并在一些领域得到应用[226]，成功应用于结构设计、神经网络、电磁场、多目标规划和任务调度等一些工程优化或参数求解的问题中。作为一种简单的算法，PSO 算法只需很少的代码和参数，却在各种问题的求解与应用中展现了它的特点和魅力。

第 2 章　碳纳米管增强 MC 尼龙 6 复合材料

2.1　引　　言

碳纳米管具有优异的力学性能、导电特性和导热性能，因此被广泛应用于聚合物填充改性，实现对聚合物某些性能的提高[227]。然而，碳纳米管径向的纳米级尺寸和较高的表面能导致其在聚合物中容易团聚，分散性较差。这样，不仅降低了碳纳米管的有效长径比，而且容易造成管与管之间的滑移，使得碳纳米管的增强效果变差。因此，为了解决碳纳米管在聚合物基体中的团聚问题，并且期待其能够与基体建立化学键合，从而获得性能优良的碳纳米管增强复合材料，有必要对其表面进行化学改性。

与普通尼龙 6 不同的是，MC 尼龙 6 采用己内酰胺阴离子聚合法的工艺，加快了聚合速率，使之在模具内聚合成型，即聚合过程和成型过程合二为一。异氰酸酯作为 MC 尼龙 6 成型工艺中最常用的活性剂之一，能够与浇铸单体反应生成尼龙 6 阴离子聚合的活性中心 *N*-酰化内酰胺，因此在制备 MC 尼龙 6 复合材料时，可以将共混物或填料进行异氰酸酯接枝改性，使之接上具有活化己内酰胺阴离子聚合功能的基团，改善与尼龙 6 基体之间的界面力[228, 229]。本章首先将羟基多壁碳纳米管与甲苯二异氰酸酯(TDI)进行酯化反应，并用己内酰胺对其进行封端稳定处理，然后将改性后的碳纳米管加入己内酰胺溶液中进行阴离子聚合，采用浇铸工艺制备 MC 尼龙 6/碳纳米管复合材料。

单体 MC 尼龙 6 复合材料的性能受许多工艺因素的影响，如单体纯度、助催化剂的纯度、催化剂和助催化剂的用量和配比、浇铸模具温度及增强填料的含量等。了解并掌握这些因素的影响，对制备高性能的 MC 尼龙 6 复合材料制品是必不可少的。本章探讨了己内酰胺的单体转化率和碳纳米管增强的尼龙 6 复合材料相对黏度与 NaOH 浓度、TDI 浓度、聚合温度、碳纳米管用量等因素间的定性关系；考察了碳纳米管用量对复合材料的吸湿特性、力学性能及热稳定性能的影响情况。

2.2 碳纳米管增强 MC 尼龙 6 复合材料的制备

2.2.1 实验原料预处理

1. 己内酰胺脱水处理

将己内酰胺(CL)盛放在洁净的表面皿中，放入 50℃的真空干燥箱中干燥一段时间备用。

2. 羟基多壁碳纳米管的改性

将羟基多壁碳纳米管(MWNTs—OH)0.25g 超声振荡分散在 50mL 的乙酸乙酯溶液中，并滴入 0.5mL 的 TDI，加热搅拌。反应 4h 后取出反应产物，用乙酸乙酯抽提 12h 以除去未反应的 TDI，得到改性后的碳纳米管(MWNTs—NCO)。接着将 MWNTs—NCO 同样分散在乙酸乙酯溶液中，加入适量的己内酰胺，加热搅拌反应 4h 后，用乙酸乙酯抽提 12h 后得到己内酰胺封端的改性碳纳米管(MWNTs—CCL)。

2.2.2 复合材料的制备

1. 反应活性料的制备

在烧瓶中加入己内酰胺单体，加热熔融。当单体全部熔融后，温度升至约130℃时，抽真空0.5h。然后撤去真空，加入计量的催化剂NaOH，立即进行减压脱水30min，此时，NaOH与己内酰胺迅速反应，物料很快变成淡黄色，即生成钠代己内酰胺。

2. 浇铸成型

将反应液升温至140℃，解除真空并加入计量的TDI，迅速搅匀，制成活性料，边搅拌边迅速浇入预热到设定温度的模具内，保温1h，然后停止加热，使模具在空气中慢慢冷却，脱模，得到纯MC尼龙6。碳纳米管增强MC尼龙6复合材料也按上述方法制备，计量的碳纳米管与己内酰胺单体同时加入。

2.3　碳纳米管增强MC尼龙6复合材料的表征

2.3.1　羟基多壁碳纳米管的改性

1. 羟基多壁碳纳米管的改性机理

有机异氰酸酯是一类含有异氰酸酯基(—N═C═O)官能团的有机化合物，该官能团具有很高的反应活性，可与水、醇、胺、羧酸、酚、硫醇、硫酚、氨基甲酸酯、脲等含有活泼氢的化合物反应，形成各种功能性化合物。甲苯-2，4-二异氰酸酯(TDI)是一类含有两个异氰酸基团的异氰酸酯化合物，其分子结构式为

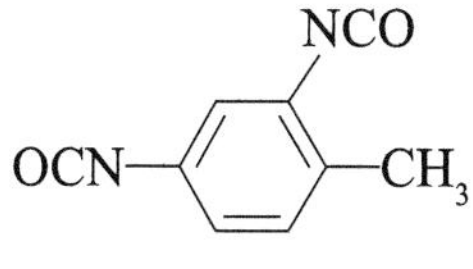

NCO

OCN—⟨苯环⟩—CH_3

因此，可以利用碳纳米管表面上的羟基与TDI上的异氰酸基的反应，使得碳纳米管表面接有TDI，其反应表达式为

$$\mathrm{MWNTs{-}OH + OCN{-}C_6H_3(NCO){-}CH_3 \longrightarrow MWNTs{-}O{-}\overset{\overset{\displaystyle O}{\|}}{C}{-}\overset{\overset{\displaystyle H}{|}}{N}{-}C_6H_3(NCO){-}CH_3}$$

由于空间位阻效应，位于甲基邻位的异氰酸酯基相比对位的活性较低，因此，在与碳纳米管上的羟基反应后，仍有一部分邻位上的异氰酸酯基未参与反应。而由于异氰酸酯基(—NCO)的反应性很强，可以和含活泼氢的化合物反应，失去活性。如果将—NCO 封端，则可以避免失去活性的现象发生。本章采用己内酰胺封端，封端后生成的 *N*-酰化己内酰胺将直接成为己内酰胺阴离子聚合的活性中心，其反应过程为

$$\mathrm{R{-}NCO + HN{-}C{=}O\ [(CH_2)_5\ ring] \longrightarrow R{-}NH{-}\overset{\overset{\displaystyle O}{\|}}{C}{-}N{-}C{=}O\ [(CH_2)_5\ ring]}$$

催化剂

其中，　$$\mathrm{R = MWNTs{-}O{-}\overset{\overset{\displaystyle O}{\|}}{C}{-}\overset{\overset{\displaystyle H}{|}}{N}{-}C_6H_4{-}CH_3}$$

2. 红外光谱分析

图 2-1 为未改性碳纳米管、TDI 改性碳纳米管红外谱图。对于未改性碳纳米管，3400cm^{-1} 的峰为羟基 O—H 键的伸缩振动吸收峰。而改性后碳纳米管的谱图在 2280cm^{-1} 附近出现了异氰酸酯基团的非对称伸缩振动吸收峰，该峰为异氰酸酯基团最有效的鉴定基团；1530cm^{-1} 的峰为酰胺 II 带的特征吸收峰，这是由羟基和异氰酸酯基团酯化反应所产生的；2930cm^{-1} 和 2850cm^{-1} 的两个峰为 TDI 中甲基的 C—H 键的伸缩振动峰。这些结果表明 TDI 已经成功接枝到 MWNTs—OH 上。

图 2-2 为封端前后改性碳纳米管的红外谱图，从图中可以看出

封端后的碳纳米管红外谱线中，2280cm^{-1}的峰消失，证明了接枝上的—NCO 基团与己内酰胺完全反应形成 *N*-酰化己内酰胺；在 1780cm^{-1}附近出现新的峰，为 *N*-酰化己内酰胺中酰亚胺中的 C═O 双键的非对称伸缩振动峰[229, 232]。2930cm^{-1}和 2850cm^{-1}的两个峰的增强是因为 *N*-酰化己内酰胺中亚甲基的引入。

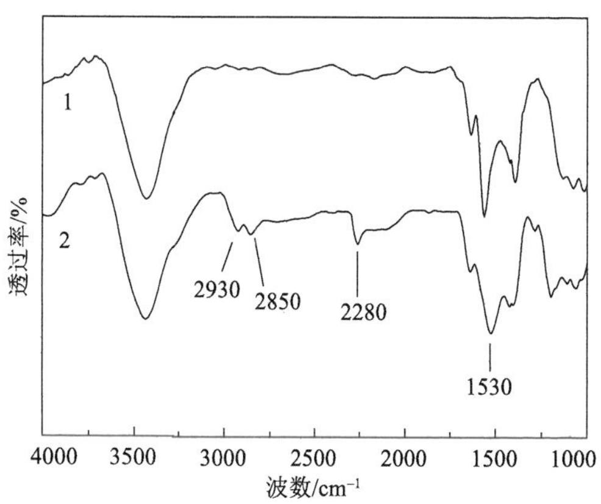

图 2-1　MWNTs—OH (1) 和 MWNTs—NCO (2) 的红外光谱图

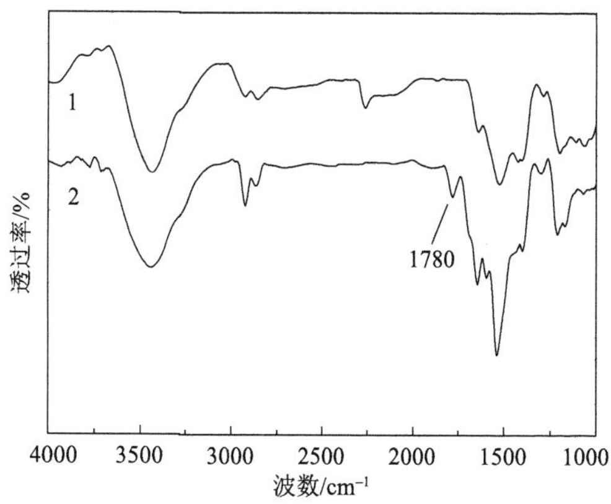

图 2-2　MWNTs—NCO (1) 和 MWNTs—CCL (2) 的红外光谱图

3. 元素分析

采用元素分析仪测定碳纳米管的C、H、N、O含量。三种不同碳纳米管的元素分析数据列于表2-1中。与MWNTs—OH相比，由于接枝了TDI，MWNTs—NCO的元素分析中出现了氮元素。而MWNTs—CCL的氮元素含量更高，这是封端后产生的*N*-酰化己内酰胺的贡献。

表2-1 碳纳米管表面元素组成

样品	质量分数/%			
	N	C	O	H
MWNTs—OH	—	95.00	4.11	0.89
MWNTs—NCO	3.32	87.20	8.18	1.30
MWNTs—CCL	6.15	81.63	10.93	1.29

4. X射线光电子能谱(XPS)分析

采用X射线光电子能谱仪对碳纳米管表面化学成分进行测定，激发源为Al Kα，以C 1s(284.6 eV)为基准进行结合能校正，能量分辨率为0.05eV。

XPS是目前表面分析中使用最为广泛的谱仪之一，它是通过测定内层电子能级谱的化学位移，确定材料中原子的结合状态和电子分布状态，并根据元素所具有的特征电子结合能及谱图的特征谱线，鉴定除氢、氦之外的所有元素，同时实验过程对样品表面损伤小[233, 234]。本章对改性后的碳纳米管采用XPS分析其表面基团，以进一步验证改性效果。从图2-3中可以看出，改性后碳纳米管的XPS谱图中出现了三个峰，分别为C 1s峰、N 1s峰及O 1s峰。分别对C 1s峰、N 1s峰进行高斯拟合，拟合曲线见图2-4和图2-5。从图2-4的C 1s高斯拟合曲线可知，位于284.29eV和285.08eV的吸收峰分别对应sp^2和sp^3杂化结构的类石墨结构碳[235]；而位于288.3eV的吸收峰为酰胺基团上碳原子的吸收峰[234]。对于N 1s高斯拟合曲线，其吸收峰位出现在 399.8eV 位置，表明该 N 元素来自于酰胺基团[236]。

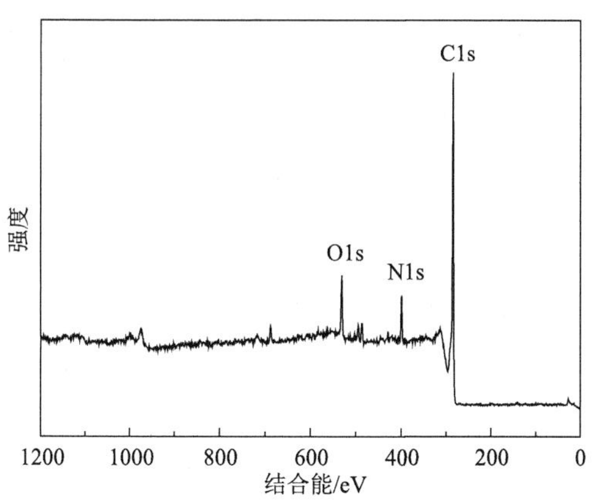

图 2-3　改性后碳纳米管的 XPS 谱图

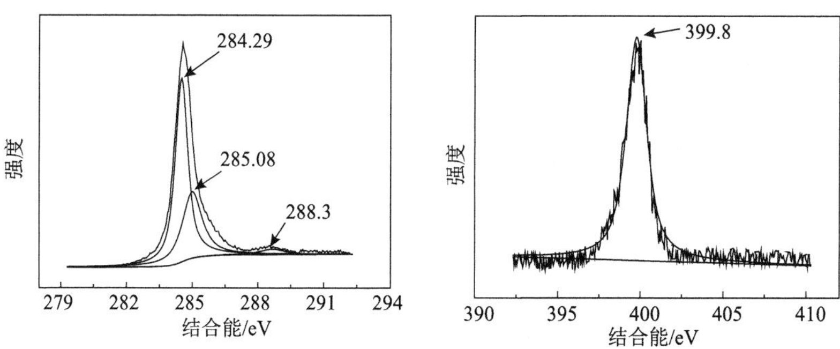

图 2-4　改性后碳纳米管的 C 1s 拟合曲线　图 2-5　改性后碳纳米管的 N 1s 拟合曲线

通过对多壁羟基碳纳米管改性机理的阐述，结合红外光谱分析、元素分析及改性后碳纳米管的 XPS 分析，可以证明，TDI 已经成功接枝到碳纳米管的表面，具备成为己内酰胺阴离子聚合活性中心的条件。

2.3.2 聚合条件对 ε-己内酰胺阴离子聚合单体转化率的影响

取一定量的聚合产物，称其质量并置于索氏抽提器中，以蒸馏水为溶剂，抽提 7h 后，真空干燥至恒量，称其质量。则根据式(2-1)计算出己内酰胺的单体转化率：

$$Y = \frac{W_2 - W_1 \times X}{W_1(1-X)} \tag{2-1}$$

式中，Y 为单体转化率(%)；X 为碳纳米管的质量分数(%)。

不同分子量的高分子聚合物具有不同的应用性能，获得分子量和转化率越高的产物意味着获得系列化程度越高的产物，因此这方面的工作一直是高分子合成和工艺研究者关注的热点[237]。

1. 反应温度的影响

从图中 2-6 可以看出，在所选温度范围内，单体转化率随反应温度的升高而逐渐增大，主要原因为在这个聚合温度范围内，升高温度加速了 ε-己内酰胺的开环，同时也加速了分子的扩散运动，有利于内酰胺阴离子向活性中心 N-酰化己内酰胺的扩散进攻，提高聚合反应速率，增加单体转化率。

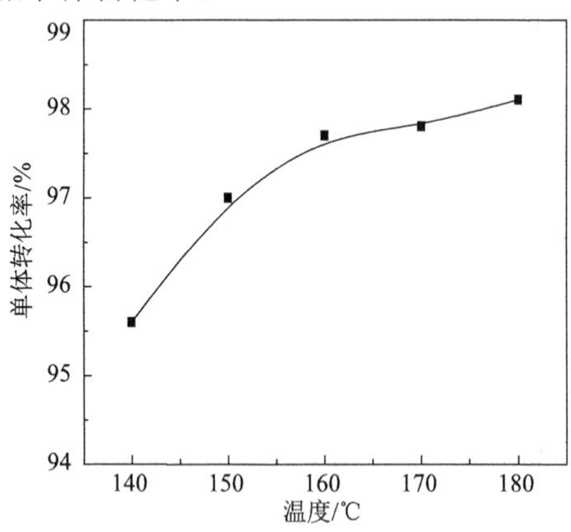

图 2-6 单体转化率与反应温度的关系

m_{NaOH}=0.040g；m_{TDI}=0.2mL；t=60min；$m_{MWNTs-CCL}$=0.034g；m_{CL}=16.978g

2. NaOH 用量的影响

从图 2-7 可以看出，单体转化率随 NaOH 用量的变化趋势为先增加而后趋于稳定。己内酰胺阴离子引发开环首先是在引发剂 NaOH 的作用下，生成较为稳定的内酰胺阴离子，再进一步与单体反应而开环，因此当碱含量较低时，ε-己内酰胺的开环聚合速率较低，聚合体系由自动加速引起的温升效应较为缓慢，导致结晶后期活性中心冻结，部分单体不能聚合，造成单体转化率较低。因此，在碱含量较低时，增加碱可以增加单体转化率。而当碱含量继续增加到一定程度，己内酰胺的单体转化率变化不大，因此说明进一步提高己内酰胺阴离子的含量对单体转化率的影响不大。

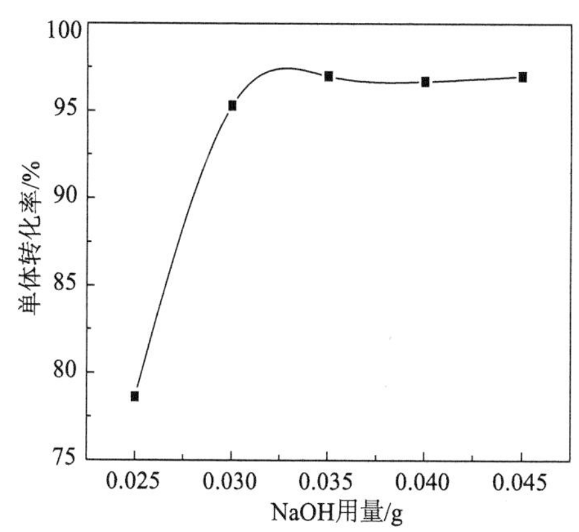

图 2-7　单体转化率与 NaOH 用量的关系

T=180℃；V_{TDI}=0.2mL；t=60min；$m_{MWNTs-CCL}$=0.034g；m_{CL}=16.978g

3. TDI 用量的影响

从图 2-8 中可以看出随着 TDI 用量的提高，单体转化率急剧降低。这是因为 TDI 的用量代表了引发中心（N-酰基己内酰胺）的浓度，尽管引发中心的增加有利于聚合速率的提高，然而其过量增加则会降低聚合度，低分子量产物增加，容易被热水抽提除去，从而使计算所得的单体转化率降低。

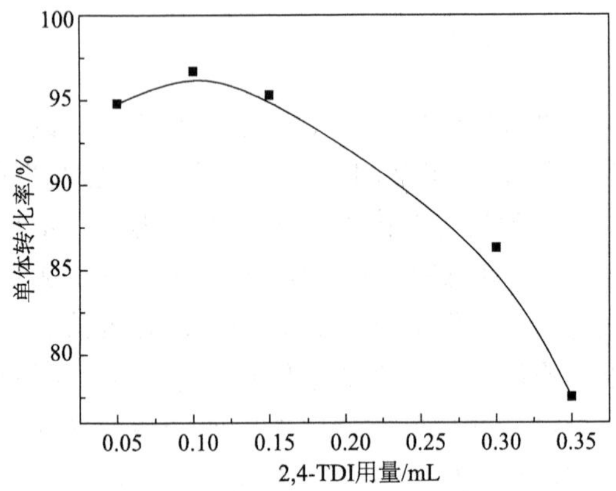

图 2-8　单体转化率与 TDI 用量的关系

T=180℃；V_{NaOH}=0.040g；t=60min；$m_{MWNTs—CCL}$=0.034g；m_{CL}=16.978g

4. 碳纳米管含量的影响

从图 2-9 中可以看出碳纳米管的加入降低了单体 ε-己内酰胺的转化率，然而其降低的幅度并不明显，转化率保持在 94%以上，说明本实验所用的工艺条件足以保证 ε-己内酰胺单体在碳纳米管加入后仍然可以充分引发聚合。

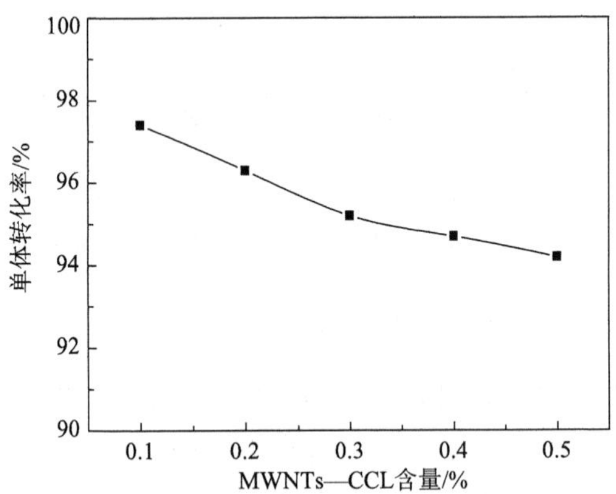

图 2-9　单体转化率与碳纳米管含量的关系

T=180℃；V_{NaOH}=0.040g；t=60min；m_{TDI}=0.2mL

2.3.3　聚合条件对复合材料特性黏度的影响

将聚合产物试样真空干燥后，准确称取(0.25±0.005)g 试样，利用超声振荡使其在 96%±0.2%的浓硫酸中溶解，配成溶液。使用乌氏黏度计测定样品黏度，具体步骤参照文献[230]。

分子量是聚合物最基本的结构参数之一，与材料性能有着密切的关系，在理论研究和生产过程中经常需要测定这个参数。测定聚合物分子量的方法很多，在高分子工业和研究工作中最常用的测定法是黏度法。高分子稀溶液的黏度主要反映了液体分子之间因流动或相对运动产生的内摩擦阻力。

1. 反应温度的影响

从图 2-10 中可知，复合材料的相对黏度随温度的升高先增加而后降低，根据文献[238]，尼龙 6 在 140～145℃时结晶速率最快，随着温度的升高，成核速率减慢，因此，单体的运动较少地受到结晶聚合物的阻碍，可以充分反应，生成大分子量产物的机会大，这与前面单体转化率的影响情况类似；而当温度继续升高时，发生过多的副反应，导致尼龙 6 复合材料的分子量降低，使得复合材料的黏度降低。

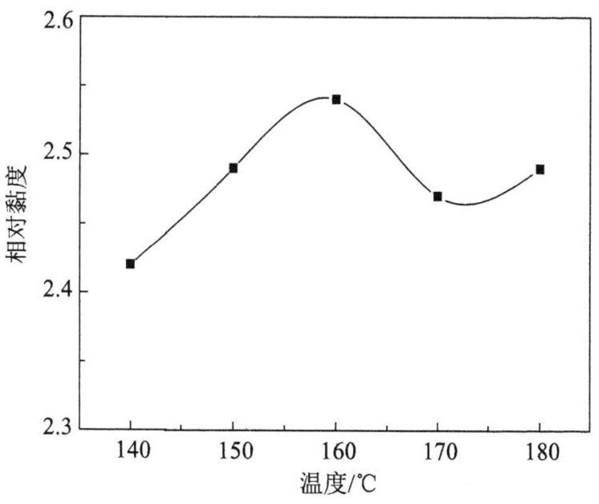

图 2-10　相对黏度与反应温度的关系

m_{NaOH}=0.040g；V_{TDI}=0.2mL；t=60min；$m_{MWNTs-CCL}$=0.034g；m_{CL}=16.978g

2. NaOH 用量的影响

从图 2-11 中可以看出相对黏度随着 NaOH 用量的增加而增加，这主要是因为 NaOH 用量的增加提高了活性单体的数量，聚合体系中生成大分子链的概率增加，提高了分子量，因此相对黏度也随之提高。

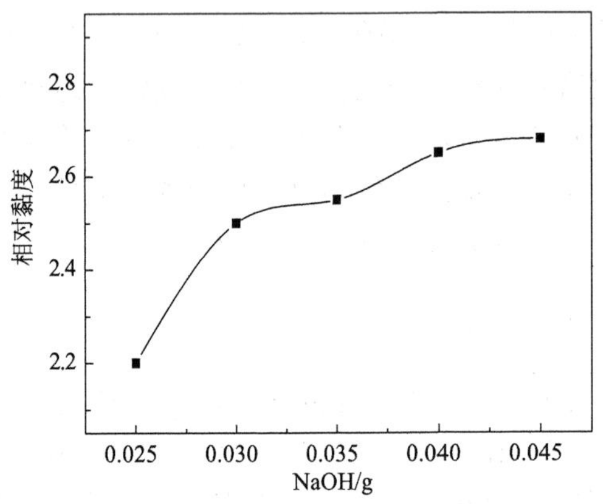

图 2-11　相对黏度与 NaOH 用量的关系

T=160℃；V_{TDI}=0.2mL；t=60min；$m_{MWNTs—CCL}$=0.034g；m_{CL}=16.978g

3. TDI 用量的影响

从图 2-12 中可以看出，相对黏度随着 TDI 用量的变化趋势与单体转化率随 TDI 用量的变化趋势一致，主要是因为 TDI 用量增加，活性中心的数量也增多，因此，在活性单体保持一致的情况下，平均分配到每个活性中心上的活性单体减少，导致聚合度减小，因此其数均分子量降低，相对黏度也降低。

4. 碳纳米管含量的影响

从图 2-13 可看出，随着碳纳米管含量的增加，MC 尼龙 6/碳纳米管复合材料的特性黏度先减小后增大。碳纳米管的加入，一方面在复合材料中起到润滑作用，可使复合材料的黏度减小；另一方面，加入的碳纳米管在晶体结晶时起到了类似晶核的作用，使材料聚合时很容易围绕碳纳米管结晶，致使尼龙的结晶度增加，使得复合材料的黏度增大。两方面因素共同作用，当碳纳米管含量较低时，前者居于主导地位，因此特性黏度减小；但是当碳纳米管质量分数增大到 0.5%时，其成核作用占主导地位，使复合材料结晶度增加，从而黏度增加。

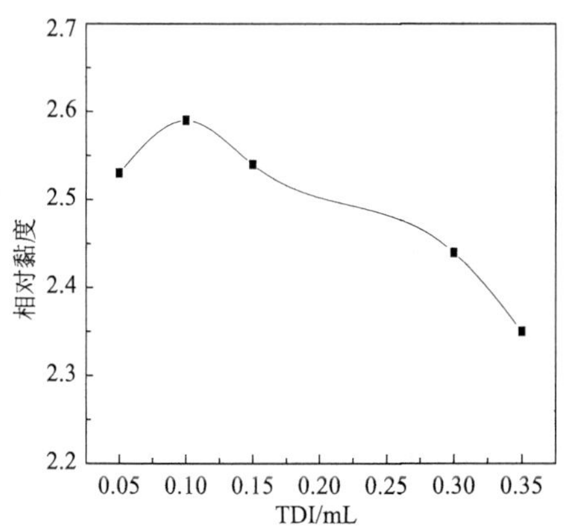

图 2-12　相对黏度与 TDI 用量的关系

T=160℃；m_{NaOH}=0.040g；t=60min；m_{MWNTs}=0.034g；m_{CL}=16.978g

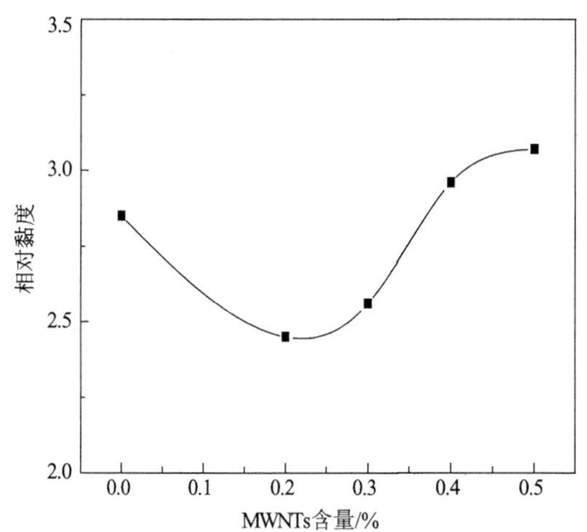

图 2-13　相对黏度与碳纳米管含量的关系

T=160℃；m_{NaOH}=0.040g；t=60min；V_{TDI}=0.2mL

根据以上研究结果，综合考虑单体转化率及相对黏度，本书选取较为合适的工艺条件，当已内酰胺用量为 16.975g 时，聚合温度为 160℃，NaOH 用量为 0.04g，TDI 用量为 0.1mL，制备碳纳米管增强 MC 尼龙 6 复合材料，并对其性能与结构进行研究。

2.3.4 碳纳米管含量对复合材料吸湿率的影响

吸湿实验参照 GB 3357—1982[231]进行：

(1) 将尺寸为 60mm×12mm×2mm 的试样洗净，置于 37℃烘箱中烘干至恒量(样重变化小于 1mg)，称量此时质量，记为干燥状态样重 W_0。

(2) 将烘干后的试样分别置于 37℃下恒温的蒸馏水中，每隔一定时间取出，轻轻擦干其表面后，迅速用分析天平称量样重变化，待其质量不再增加达到平衡时，按照式(2-2)计算吸湿率：

$$M_t = \frac{W_t - W_0}{W_0} \times 100\% \tag{2-2}$$

式中，M_t 为 t 时刻试样吸湿率(%)；W_t 为 t 时刻样重(g)；W_0 为吸湿前原始样重(g)。

MC 尼龙基体的吸水性来自非晶部分酰胺基的贡献。水分通过扩散进入树脂基复合材料后，通常会引起复合材料的一系列变化[239]，如图 2-14 所示。一方面，对树脂基体起到了增塑作用，使得树脂基体发生一定程度的溶胀，力学性能变差，同时水向基体中的吸湿性杂质扩散，由此产生渗透压，使基体内部产生裂纹。另一方面，水进入材料界面，产生一系列的效应使界面脱黏，导致界面结合强度下降。另外，水还可能与增强材料反应，使增强材料的性能劣化，如图 2-14 所示。显然，考察尼龙 6 基体复合材料的吸湿特性，对复合材料的应用具有重要的指导意义。

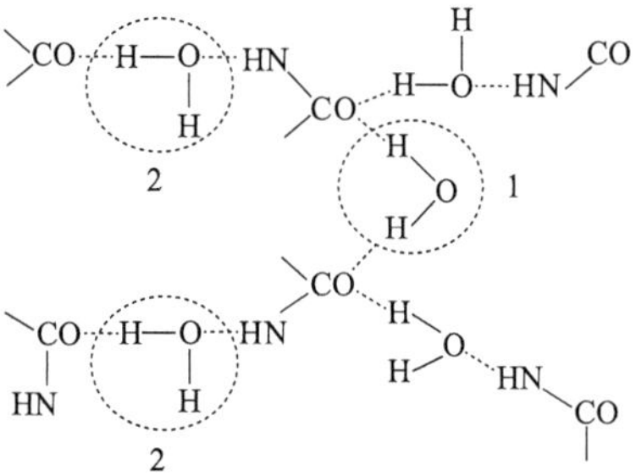

图 2-14　水分子与 MC 尼龙中酰胺基的配位形式

本章分别考察了质量分数为 0.2%、0.3%、0.4%、0.5%改性碳纳米管增强 MC 尼龙 6 复合材料的吸湿特性，并与纯 MC 尼龙进行了比较，结果如表 2-2 所示。从表中可知，随着碳纳米管含量的增加，MC 尼龙 6/碳纳米管复合材料的平衡吸湿率先减小后增大。增强剂的加入，一方面产生了界面和缺陷，可促进材料的吸湿；另一方面引起尼龙基体形态发生变化，加入的碳纳米管在晶体结晶时起到了类似晶核的作用，致使尼龙的结晶度增加，这样会导致材料的吸湿率减小。两方面因素共同作用，当碳纳米管含量较低时后者居于主导地位，因此，复合材料的吸湿能力随碳纳米管含量的增加而减弱；当碳纳米管质量分数大于 0.3%，因为增强剂的加入而产生界面和缺陷的作用增强，这为水分子的扩散提供了通路，水分子很容易沿着界面进入试样的内部，复合材料吸湿能力随碳纳米管含量的增加而增强。

表 2-2　不同质量分数的改性碳纳米管增强 MC 尼龙 6 纳米复合材料的吸湿特性

MWNTs—CCL/%	0	0.2	0.3	0.4	0.5
平衡吸湿率/%	1.33	1.24	1.89	2.45	2.87

2.3.5　MC 尼龙 6/碳纳米管纳米复合材料的热失重分析（TG）

热重法又称热失重（TG），是在程序控温下测量物质的质量与温度的关系的一类技术。记录 TG 曲线上温度或时间的一阶微商，得到试样质量变化率与温度或时间的关系曲线，即微商热重曲线(DTG)。与一般的灼烧法相比，热重分析样品用量少，一般只需十几毫克，对环境污染小；分析灵敏度高；热重分析应用于高分子材料，可研究聚合物的热稳定性和热分解作用，测定水分等挥发物的含量、填料及聚合物的组成[240]。

碳纳米管的石墨片层结构决定了其具有良好的热稳定性，添加到聚合物基体中，可大幅度提高复合材料的热分解温度。图 2-15 列出了 MC 尼龙 6 和 MC 尼龙 6/0.3%(质量分数)碳纳米管复合材料的热失重曲线。可以发现尼龙 6 及其碳纳米管复合材料的热分解过程分为两个阶段，第一阶段为残留在尼龙 6 基体中的已内酰胺单体的分解过程[241]，第二阶段为尼龙 6 基体的分解过程[242]。初始分解温度和最快分解温度列于表 2-3。可以看出，碳纳米管的加入明显地提高了 MC 尼龙 6 的热分解温度。对于尼龙 6 基体的分解过程，碳纳米管的加入分别将其初始分解温度和最快分解温度提高了约 20℃和 14℃。残炭量也有显著的提高，这可能是因为碳纳米管与尼龙 6 基体产生了某种协同作用，使尼龙 6 炭化过程中炭结构更趋于规整完善，从而有更高的残炭率，提高了尼龙 6 的耐热性。

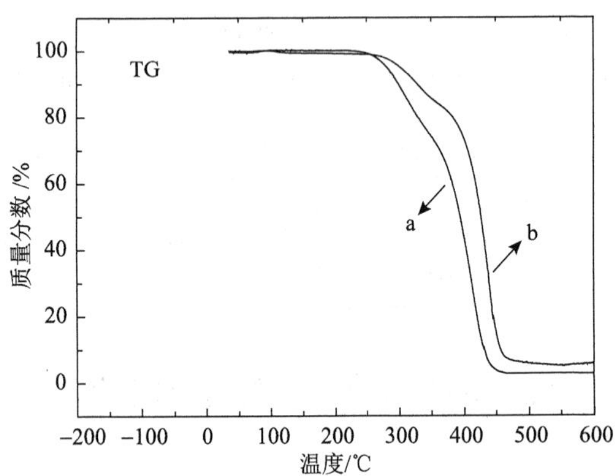

图 2-15　复合材料的热失重曲线

a-纯 MC 尼龙 6；b-MC 尼龙 6/3% MWNTs—CCL

表 2-3　MC 尼龙 6 及其 0.3%(质量分数)碳纳米管复合材料的 TGA 分析

样品	第一阶段		第二阶段	
	T_i/℃	T_{max}/℃	T_i/℃	T_{max}/℃
纯 MC 尼龙 6	240.4	305.7	344.8	416.5
MC 尼龙 6/0.3% MWNTs—CCL	259.7	325.6	364.4	443.2

2.3.6　碳纳米管增强 MC 尼龙 6 复合材料的力学性能分析

试样状态调节和实验的标准环境按 GB/T 2918—1998 标准设定。

1. 复合材料拉伸性能

拉伸强度、断裂伸长率根据 GB/T 1040—1992 标准测试，拉伸速率为 50mm/min，测试温度为(23±2)℃，实验结果取 5 个有效试样的平均值。

图 2-16 列出了 MC 尼龙 6 复合材料的拉伸强度随碳纳米管含量的变化趋势。从图中可以看出，无论添加的是改性碳纳米管还是未改性的碳纳米管，MC 尼龙 6 复合材料的拉伸强度均比空白 MC 尼龙 6 的拉伸强度高。其拉伸强度随着碳纳米管含量的增加都是先增加后减小。采用未改性碳纳米管增强时，当含量为 0.2%(质量分数)时，复合材料的拉伸强度达到最大；而采用改性后的碳纳米管增强时，当复合材料的拉伸强度达到最大值时，碳纳米管含量为 0.3%(质量分数)，且与纯 MC 尼龙 6 相比，拉伸强度提高了 18%。这是因为，改性后碳纳米管在尼龙 6 基体的分散性提高，允许添加更高含量的碳纳米管而不会出现因团聚现象而导致力学性能降低的情况。可以发现，当含量相同时，采用改性碳纳米管增强的复合材料，其拉伸强度更高，主要归结为：通过改性后，碳纳米管可以作为已内酰胺聚

合的活性中心，尼龙 6 分子链可以在其表面生长，因此，与尼龙 6 分子链的作用力由氢键作用力转变成作用力更强的共价键作用力，增强了两相的界面结合力。当复合材料受到拉应力时，界面可以更好地将外力均匀有效地传递给碳纳米管，为基体承担部分负载，与基体一起发生变形，使得拉伸强度得到更大的提高。而当含量进一步增大时，团聚现象比较严重，导致应力集中，使得材料的力学性能下降。

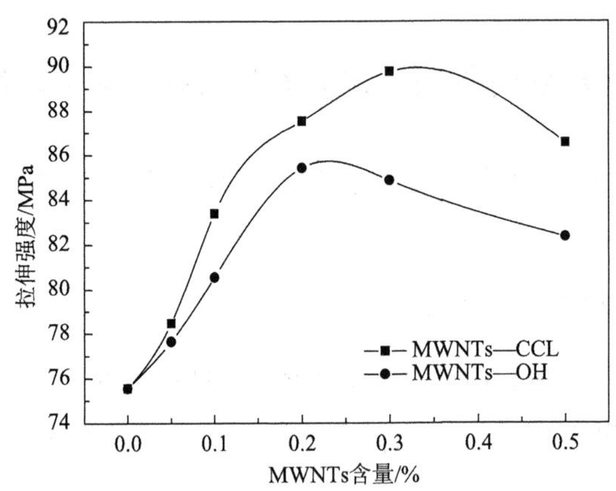

图 2-16　碳纳米管含量对复合材料拉伸强度的影响

2. 复合材料弯曲性能

弯曲强度和弯曲模量根据 GB/T 9341—2000 标准进行测试，实验速率为 1mm/min。其中弯曲强度为规定挠度时的弯曲强度。

图 2-17 对比了改性碳纳米管和未改性碳纳米管增强 MC 尼龙 6 复合材料的弯曲强度随含量的变化趋势。由图中可以看出，随着改性碳纳米管含量的增加，材料的弯曲强度逐步增加，这是由于碳纳米管本身具有很高的强度和模量，作为复合材料的增强剂可以提高材料基体的弯曲强度。而改性后，碳纳米管与尼龙 6 基体的界面结合力更强，因此，弯曲模量提高的幅度更大。

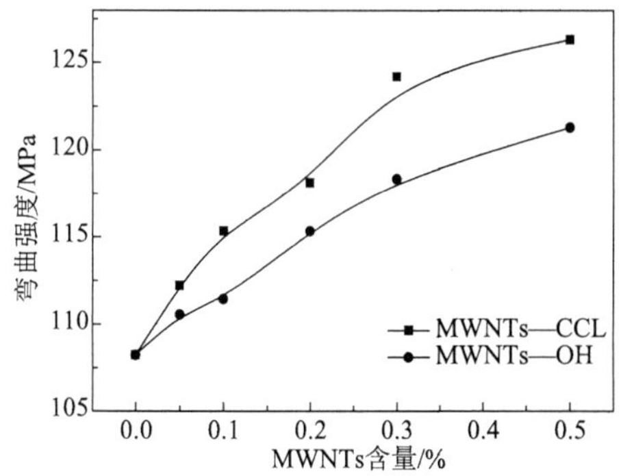

图 2-17　碳纳米管含量对复合材料弯曲强度的影响

3. 复合材料冲击性能

缺口简支梁冲击强度：按 GB/T 1043—1993 标准测试，试样类型为 1 型，缺口类型为 A 型。冲击强度按式(2-3)计算：

$$a_k = \frac{A_k}{b \times d_k} \times 10^3 (\mathrm{kJ/m^2}) \tag{2-3}$$

式中，A_k 为缺口试样吸收的冲击能量；b 为试样宽度；d_k 为缺口处剩余厚度。

改性前后碳纳米管的加入对 MC 尼龙 6 冲击强度的影响列于图 2-18。由图中可以看出，改性后碳纳米管复合材料的冲击强度随着碳纳米管的含量先增加后降低，在碳纳米管含量达到 0.3%(质量分数)时达到最大值，与纯 MC 尼龙 6(5.3kJ/m^2)相比，提高了 38%。而未改性碳纳米管的加入则是小幅度地降低了材料的冲击强度，无法起到增强的作用。分析其原因，一方面碳纳米管作为填充粒子，改性后与尼龙 6 基体的界面结合力增强，在基体中起到分散应力的作用，阻止裂纹扩散，而使材料的冲击强度提高[243]；另一方面可能是由于加入改性碳纳米管后，碳纳米管在结晶过程中起到成核剂的作用，导致所生成的晶体粒子变小，从而提高了材料的冲击强度[244]。而当含量继续增加时，团聚现象增加，应力集中，导致材料的冲击强度下降。而未改性碳纳米管与尼龙 6 基体之间的相容性较差，难以良好结合，在基体中容易发生团聚，造成宏观应力开裂，使冲击强度降低。

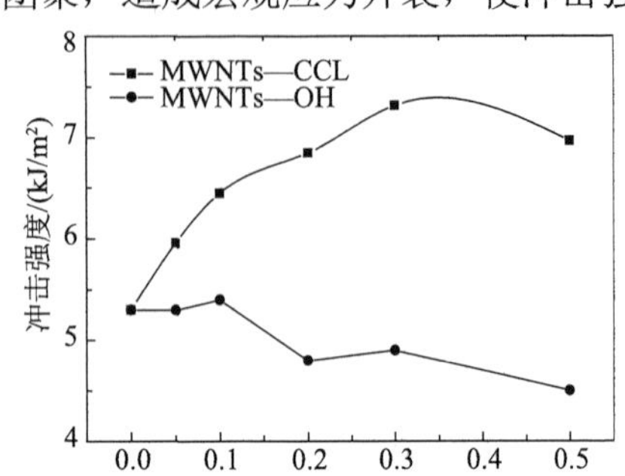

图 2-18　碳纳米管含量对复合材料冲击的影响

2.4　本 章 小 结

(1) 通过对碳纳米管进行红外光谱分析、元素分析及 X 射线光电子能谱分析，可以证实碳纳米管与 TDI 及己内酰胺发生反应，表面引入酰亚胺基团，具备成为己内酰胺阴离子开环聚合活性中心的条件。

(2) 考察了聚合条件对己内酰胺阴离子聚合的影响情况，综合分析，得出较优的工艺条件：己内酰胺用量为 16.978g，聚合温度为 160℃，NaOH 用量为 0.04g，TDI 用量为 0.1mL。

(3) MC 尼龙 6 复合材料的吸湿率随碳纳米管含量的增加呈现先增加后减小的趋势；碳纳米管的加入可以有效地提高 MC 尼龙 6 的热稳定性。相比未改性碳纳米管，改性碳纳米管在提高 MC 尼龙 6 力学性能上表现较为显著；MC 尼龙 6 复合材料的拉伸强度及缺口冲击强度随 MWNTs—CCL 含量的增加呈现先增加后减小的趋势，当含量为 0.3%(质量分数)时，复合材料的拉伸强度及冲击强度达到最高值；MC 尼龙 6 复合材料的弯曲强度随 MWNTs—CCL 含量的增加而增加。

第 3 章　尼龙 6/碳纳米管复合材料浇铸成型反应动力学及其界面结构研究

3.1　引　　言

反应动力学是研究各种物理、化学因素(如温度、压力、浓度、反应体系中的介质、催化剂、流场和温场分布、停留时间分布等)对反应速率的影响及相应的反应机理和数学表达式等的学科。MC 尼龙 6 作为一种应用广泛的工程塑料，人们在对其进行改性研究方面做了较多工作，然而，对于尼龙 6 浇铸成型反应动力学研究及其模型建立方面的关注较少，尤其是加入改性填料后的动力学研究。

MC 尼龙 6 成型过程中，阴离子开环聚合是一个非常复杂的化学反应过程，中间发生许多可逆及不可逆反应，可以将其反应机理主要分为两个过程：链引发和链增长反应。通常人们将改性剂或填料加入到熔融的己内酰胺介质中，通过原位聚合方法制备 MC 尼龙 6 复合材料时，填料分散在黏度非常低的己内酰胺液体中，容易出现团聚状况，这将直接影响其反应动力学过程。因此，无论是从理论还是从实际应用角度考虑，研究填料对己内酰胺阴离子聚合过程的影响情况都具有非常重要的意义[245]。本书基于绝热法的思想，采用非等温反应动力学分析方法研究了 MC 尼龙 6/碳纳米管复合材料浇铸成型过程的聚合反应动力学，对比了不同理论模型对成型反应过程的描述情况。推导得出反应速率常数、反应级数及反应活化能，确立反应动力学模型，为控制聚合反应条件、优化工艺参数、制备性能优越的复合材料提供理论依据，同时探讨了改性前后碳纳米管对聚合反应的影响。

复合材料是由两种或两种以上的不同化学组分、不同性能的材料组成。在复合材料的制造和使用过程中，其性能都与构成复合材料的结构密切相关[246]。复合材料一般是由增强相、基体相和它们的中间相(界面相)组成，各自都有其独特的结构、性能与作用。界面(包括晶界和相界面)是复合材料极为重要的微观结构，它作为增强体与基体连接的“桥梁”，对复合材料的物理机械性能有至关重要的影响。复合材料的复合改性作用都要通过相界面进行力的、化学的及功、能的传递过程，因此相界面问题是复合材料中除物相组成外最重要的技术关键。本章将借助 XRD、POM、FESEM 等测试手段对 MC 尼龙 6/碳纳米管复合材料体系中二者的相互作用情况进行研究。

3.2 聚 合 机 理

由于 MC 尼龙 6 及其复合材料的成型过程中，己内酰胺的聚合反应过程比较复杂，不能用常规的化学动力学方法对其进行研究。通常用两种方法来描述采用强碱作为催化剂的己内酰胺阴离子聚合反应动力学，其中一种方法是基于常规的机理路线而对其动力学进行描述，见图 3-1。已有大量的研究工作采用此方法，然而由于阴离子聚合常常伴有副反应、降解反应及歧化反应，用此方法描述将变得非常复杂，甚至是不合理的，因此该方法往往无法正确地描述其动力学过程。第二种方法主要是通过提出一个经验的动力学速率方程，求出方程中的参数，使得实验数据与方程之间的误差最小。本章采用第二种方法，将反应过程视为在一个绝热的体系中进行，分析 MC 尼龙 6 及其碳纳米管复合材料浇铸成型过程的动力学。

开始：

$$\underset{(A)}{R-\overset{O}{\overset{\|}{C}}-\underbrace{N-\overset{O}{\overset{\|}{C}}}_{\text{环}}} + \underset{(C)}{\underbrace{\bar{N}-\overset{O}{\overset{\|}{C}}}_{\text{环}}} \underset{k_1'}{\overset{k_1}{\rightleftharpoons}} \underset{(\sigma_1^-)}{R-\overset{O}{\overset{\|}{C}}-\bar{N}-(CH_2)_5-\overset{O}{\overset{\|}{C}}-\underbrace{N-\overset{O}{\overset{\|}{C}}}_{\text{环}}}$$

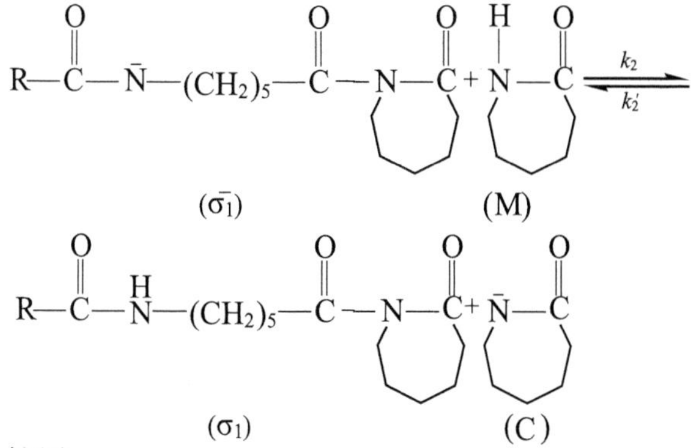

$$R-\overset{O}{\overset{\|}{C}}-\bar{N}-(CH_2)_5-\overset{O}{\overset{\|}{C}}-N-\overset{O}{\overset{\|}{C}} + \overset{H}{\overset{|}{N}}-\overset{O}{\overset{\|}{C}} \underset{k_2'}{\overset{k_2}{\rightleftharpoons}}$$

$(\bar{\sigma_1})$　　(M)

$$R-\overset{O}{\overset{\|}{C}}-\overset{H}{N}-(CH_2)_5-\overset{O}{\overset{\|}{C}}-N-\overset{O}{\overset{\|}{C}} + \bar{N}-\overset{O}{\overset{\|}{C}}$$

(σ_1)　　(C)

扩展：

$$R-\overset{O}{\overset{\|}{C}}\left[\overset{H}{N}-(CH_2)_5-\overset{O}{\overset{\|}{C}}\right]_n N-\overset{O}{\overset{\|}{C}} + \bar{N}-\overset{O}{\overset{\|}{C}} \underset{k_3'}{\overset{k_3}{\rightleftharpoons}}$$

(σ_n)　　(C)

$$R-\overset{O}{\overset{\|}{C}}\left[\overset{H}{N}-(CH_2)_5-\overset{O}{\overset{\|}{C}}\right]_n \bar{N}-(CH_2)_5-\overset{O}{\overset{\|}{C}}-N-\overset{O}{\overset{\|}{C}}$$

(σ_{n+1}^-)

$$R-\overset{O}{\overset{\|}{C}}\left[\overset{H}{N}-(CH_2)_5-\overset{O}{\overset{\|}{C}}\right]_n \bar{N}-(CH_2)_5-\overset{O}{\overset{\|}{C}}-N-\overset{O}{\overset{\|}{C}} + \overset{H}{\overset{|}{N}}-\overset{O}{\overset{\|}{C}} \underset{k_2'}{\overset{k_2}{\rightleftharpoons}}$$

(σ_{n+1}^-)　　(M)

$$R-\overset{O}{\overset{\|}{C}}\left[\overset{H}{N}-(CH_2)_5-\overset{O}{\overset{\|}{C}}\right]_{n+1} N-\overset{O}{\overset{\|}{C}} + \bar{N}-\overset{O}{\overset{\|}{C}}$$

(σ_{n+1})　　(C)

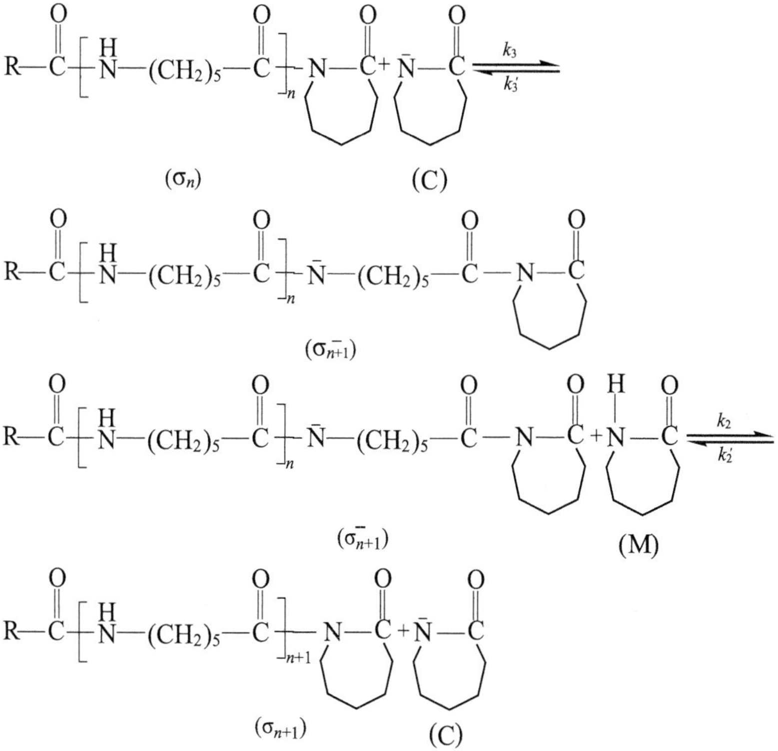

图 3-1　己内酰胺阴离子聚合机理

3.2.1 绝热法的基本原理

己内酰胺阴离子聚合反应速率极快，单体全部转化只需几分钟，甚至几秒钟。绝热法对这种情况显得特别有效，它是一种快速、简便而又可靠地获得放热反应动力学数据的方法[238]。由于结晶效应，尼龙 6 成型过程中的阴离子聚合反应是一个复杂的反应过程，尤其是在较低温度下的聚合（～140℃）。Magill[247]研究发现尼龙 6 结晶速率最快时的温度为 140～145℃，超过 145℃，结晶成核的速率很小。因此在 140～145℃的聚合反应是一个边聚合边结晶的过程。Kim 等[248]研究发现，当聚合温度为 160℃或以上时，结晶效应可以忽略。

3.2.2 单体转化率的求解

本研究的聚合反应是在一个保温性能良好，预热到初始反应温度为 160℃的烘箱里进行的，且反应生成的聚合物导热性能较差，所以反应体系对恒温箱的传导热量非常少，可以忽略，因此整个反应体系可以看作是一个绝热体系。假设在绝热条件下，热容和反应热为常数，且在聚合温度为 160℃的情况下，结晶效应可以忽略，因此反应是在一个均相条件下进行的。其反应的转化率 α 可以用绝热温度的升高来表示[249][式（3-1）]：

$$\alpha = \frac{M_0 - M}{M_0} = \frac{H}{H_{\text{tot}}} = \frac{T - T_0}{T_{\text{f}} - T_0} \tag{3-1}$$

式中，M 和 M_0 分别为反应物浓度和反应物的初始浓度；H 为聚合反应热（J/mol）；H_{tot} 为总的聚合反应热（J/mol）；T 和 T_0 分别为某一时刻的温度和初始温度；T_{f} 为反应终了时的温度。因此，$\mathrm{d}\alpha/\mathrm{d}t$ 可以用式（3-2）表示：

$$\frac{\mathrm{d}\alpha}{\mathrm{d}t} = \frac{1}{T_{\text{f}} - T_0} \cdot \frac{\mathrm{d}T}{\mathrm{d}t} \tag{3-2}$$

将 MC 尼龙 6 及含量不同的碳纳米管的 MC 尼龙复合材料所计算得出的 α 和 $d\alpha/dt$ 值列于表 3-1～表 3-5 中。

表 3-1　MC 尼龙成型反应动力学数据

时间/s	温度/℃	α	$d\alpha/dt$	$\ln(d\alpha/dt)$	$\ln(1-\alpha)$	$1/T$
0	147.0	0	0.00430	−5.4488	0	0.002381
15	149.1	0.064	0.00645	−5.0434	−0.06669	0.00237
30	152.3	0.161	0.00430	−5.4488	−0.17589	0.002353
45	154.2	0.225	0.00645	−5.0434	−0.25593	0.002342
60	157.5	0.322	0.00430	−5.4488	−0.38946	0.002326
75	159.1	0.387	0.00860	−4.7557	−0.48955	0.002315
90	163.4	0.516	0.00645	−5.0434	−0.72594	0.002294
105	166.3	0.613	0.00645	−5.0434	−0.94908	0.002278
120	169.1	0.709	0.00430	−5.4488	−1.23676	0.002262
135	171.5	0.774	0.00430	−5.4488	−1.48808	0.002252
150	173.1	0.838	0.00215	−6.1420	−1.82455	0.002242
165	174.4	0.871	0.00022	−8.4446	−2.04769	0.002237
180	174.1	0.874	0.00022	−8.4446	−2.07301	0.002237
210	174.3	0.881	0.00022	−8.4446	−2.12565	0.002236
225	174.4	0.884	0.00053	−7.5283	−2.15305	0.002235
255	174.9	0.900	0.00043	−7.7514	−2.30259	0.002233
270	175.1	0.906	0.00108	−6.8351	−2.36928	0.002232
285	175.6	0.923	0.00032	−8.0391	−2.55852	0.002229
315	175.9	0.932	0.00022	−8.4446	−2.69205	0.002228
330	176.2	0.935	0.00215	−6.1420	−2.74084	0.002227
345	177.4	0.968	0.00172	−6.3651	−3.43399	0.002222
360	177.8	0.993	0.00043	−7.7514	−5.04343	0.002218
375	178.0	1	0.00043	−7.7514	−5.04343	0.002217

表 3-2 MC 尼龙/0.2%(质量分数)改性碳纳米管复合材料成型反应动力学数据

时间/s	温度/℃	α	$d\alpha/dt$	$\ln(d\alpha/dt)$	$\ln(1-\alpha)$	$1/T$
0	148.0	0	0.005952	−5.1240	0	0.002375
21	152.2	0.125	0.008333	−4.7875	−0.13353	0.002352
36	156.4	0.250	0.008333	−4.7875	−0.28768	0.002331
51	160.3	0.375	0.016666	−4.0943	−0.47000	0.002309
58	164.2	0.500	0.010416	−4.5643	−0.69314	0.002280
67	167.5	0.594	0.020833	−3.8712	−0.90078	0.002272
73	171.7	0.719	0.009259	−4.6821	−1.26851	0.002252
87	175.4	0.844	0.002083	−6.1737	−1.85620	0.002232
102	176.2	0.875	0.002083	−6.1737	−2.07944	0.002227
117	177.1	0.906	0.004166	−5.4806	−2.36712	0.002222
132	179.5	0.969	0.002083	−6.1737	−3.46573	0.002212
147	180.0	1	0.002083	−6.1737	−3.46573	0.002207

表 3-3 MC 尼龙/0.3%(质量分数)改性碳纳米管复合材料成型反应动力学数据

时间/s	温度/℃	α	$d\alpha/dt$	$\ln(d\alpha/dt)$	$\ln(1-\alpha)$	$1/T$
0	150.1	0	0.004901	−5.3181	0	0.002364
25	154.4	0.125	0.010416	−4.5643	−0.13353	0.002340
37	158.3	0.250	0.013888	−4.2766	−0.28768	0.002320
46	162.7	0.375	0.012500	−4.3820	−0.47001	0.002298
54	165.6	0.469	0.034722	−3.3603	−0.63252	0.002283
58	170.8	0.625	0.016666	−4.0943	−0.98082	0.002257
66	174.4	0.750	0.015625	−4.1588	−1.38629	0.002237
72	177.2	0.843	0.008333	−4.7874	−1.85629	0.002222
79	179.4	0.906	0.002976	−5.8171	−2.36712	0.002212
90	180.5	0.937	0.001602	−6.4361	−2.77258	0.002207
109	181.3	0.969	0.002970	−5.8171	−3.46573	0.002202
120	182.0	1	0.002970	−5.8171	−2.80336	0.002197

表3-4 MC尼龙/0.5%(质量分数)改性碳纳米管复合材料成型反应动力学数据

时间/s	温度/℃	α	$d\alpha/dt$	$\ln(d\alpha/dt)$	$\ln(1-\alpha)$	$1/T$
0	146.0	0	0.00741	−4.9052	0	0.002386
13	149.0	0.100	0.00529	−5.2417	−0.10536	0.002369
45	154.4	0.266	0.00444	−5.4161	−0.31015	0.002341
75	158.2	0.400	0.00444	−5.4161	−0.51082	0.002320
105	162.3	0.533	0.00606	−5.1059	−0.76214	0.002298
138	168.6	0.733	0.00370	−5.5984	−1.32175	0.002267
156	170.5	0.800	0.00518	−5.2619	−1.60943	0.002257
165	171.4	0.846	0.00592	−5.1284	−1.87514	0.002250
174	173.1	0.900	0.00202	−6.2045	−2.30258	0.002242
190	174.3	0.933	0.00202	−6.2045	−2.70805	0.002237
207	175.1	0.967	0.00101	−6.8977	−3.40119	0.002232
240	176.0	1	0.00101	−6.8977	−3.40119	0.002227

表3-5 MC尼龙/0.2%(质量分数)未改性碳纳米管复合材料成型反应动力学数据

时间/s	温度/℃	α	$d\alpha/dt$	$\ln(d\alpha/dt)$	$\ln(1-\alpha)$	$1/T$
0	146.0	0	0.00092	−6.9847	0	0.002387
36	147.4	0.033	0.00333	−5.70378	−0.03390	0.002381
66	150.5	0.133	0.00404	−5.51141	−0.14310	0.002364
99	154.4	0.266	0.00483	−5.33271	−0.31015	0.002342
133	159.1	0.433	0.00552	−5.19784	−0.56798	0.002315
154	162.4	0.546	0.00881	−4.73105	−0.79112	0.002297
169	166.5	0.683	0.00603	−5.11071	−1.14990	0.002275
180	168.4	0.746	0.00444	−5.41610	−1.37304	0.002266
199	171.0	0.833	0.00131	−6.64476	−1.79175	0.002252
220	171.8	0.860	0.00100	−6.90775	−1.96611	0.002248

续表

时间/s	温度/℃	α	$\mathrm{d}\alpha/\mathrm{d}t$	$\ln(\mathrm{d}\alpha/\mathrm{d}t)$	$\ln(1-\alpha)$	$1/T$
240	172.4	0.880	0.00016	−8.69951	−2.12026	0.002245
260	172.5	0.883	0.00077	−7.17011	−2.14843	0.002245
273	172.8	0.893	0.00133	−6.62007	−2.23804	0.002243
278	173.0	0.901	0.00133	−6.62007	−2.30258	0.002242
288	173.4	0.913	0.00200	−6.21460	−2.44568	0.002240
298	174.3	0.933	0.00143	−6.55108	−2.70805	0.002237
312	174.6	0.953	0.00125	−6.68461	−3.06472	0.002234
320	174.9	0.963	0.00078	−7.15070	−3.30588	0.002233
328	175.1	0.97	0.00061	−7.40853	−3.50655	0.002232
345	175.4	0.98	0.00133	−6.62007	−3.91202	0.002230
360	176	1	0.00133	−6.62007	−3.91202	0.002227

3.2.3　非等温反应动力学

总体而言，一般化学反应速率可以用以下方程来表示[250]：

$$-r=\frac{\mathrm{d}\alpha}{\mathrm{d}t}=f(\alpha)\cdot K \tag{3-3}$$

式中，r 为反应速率；α 为反应转化率；$f(\alpha)$ 为反应机理函数；K 为反应速率常数。根据阿伦尼乌斯(Arrhenius)定律，$K=A\mathrm{e}^{-E/RT}$，式(3-3)可以转化为

$$\frac{\mathrm{d}\alpha}{\mathrm{d}t}=f(\alpha)\cdot A\mathrm{e}^{-\frac{E}{RT}} \tag{3-4}$$

式中，E 和 A 分别为反应的活化能和指前因子；R 为摩尔气体常量。将式(3-4)两边取对数得到式(3-5)：

$$\ln(\frac{\mathrm{d}\alpha}{\mathrm{d}t}) = \ln[f(\alpha)\cdot A] - \frac{E}{RT} \tag{3-5}$$

通过作直线 $\ln(\mathrm{d}\alpha/\mathrm{d}t) \sim 1/T$，求出斜率，即可得出反应活化能。然而，要得出指前因子，必须确定反应机理函数，因此，为了描述某反应的动力学必须确定该反应的反应机理函数，Friedman[251]提出 n 次模型，表达式为

$$f(\alpha) = (1-\alpha)^n \tag{3-6}$$

因此，式(3-4)可以转化为

$$\ln(\frac{\mathrm{d}\alpha}{\mathrm{d}t}) = \ln A + n\ln(1-\alpha) - \frac{E}{RT} \tag{3-7}$$

Malkin 在一级反应的基础上，对己内酰胺离子聚合动力学体系进行了深入研究并提出自催化模型，如式(3-8)所示[248]：

$$\frac{\mathrm{d}\alpha}{\mathrm{d}t} = A\exp(-E/RT)(1-\alpha)^n(1+B_0\alpha) \tag{3-8}$$

将式(3-8)两边取对数得：

$$\ln(\frac{\mathrm{d}\alpha}{\mathrm{d}t}) = \ln A + n\ln(1-\alpha) - \frac{E}{RT} + \ln(1+B_0\alpha) \tag{3-9}$$

式中，α 为反应转化率；n 为单体反应级数；B_0 为自催化系数。

Bolgov 等改进 Malkin 模型[238]，如式(3-10)所示，由于此模型是通过将实验数据与预测模型拟合到最优而得出，因此该模型不符合任何已有的机理模型。

$$\frac{\mathrm{d}\alpha}{\mathrm{d}T} = A\exp(\frac{E}{RT})\frac{[I][C]}{[M]}\left\{1+\frac{b}{([I][C])^{1/2}}\alpha\right\} \tag{3-10}$$

式中，$[C]$为已内酰胺阴离子浓度；$[I]$为活性中心浓度；$[M_0]$为单体初始浓度。

3.3　MC 尼龙 6/碳纳米管复合材料表征

3.3.1　MC 尼龙 6 及其复合材料反应动力学分析

浇铸成型反应过程温度的测定，使用厦门宇电自动化科技有限公司的 AI-708P 型温控器，配套热电偶的测量端外径为 1mm，测量精度可达 0.1℃，补偿电阻为 50Ω 的铜电阻，热响应时间 0.5h。聚合时将模具放置在一个预热到聚合温度的绝热烘箱里，模具尺寸为 Φ42mm×1.5mm，长 120mm。温度测量时，将热电偶测量端固定在模具的中心处，将已内酰胺、催化剂和助催化剂(配比参照第 2 章较优条件)及一定含量的碳纳米管的混合液，浇铸入模具时开始测定温度与时间的变化关系，示意图见图 3-2。

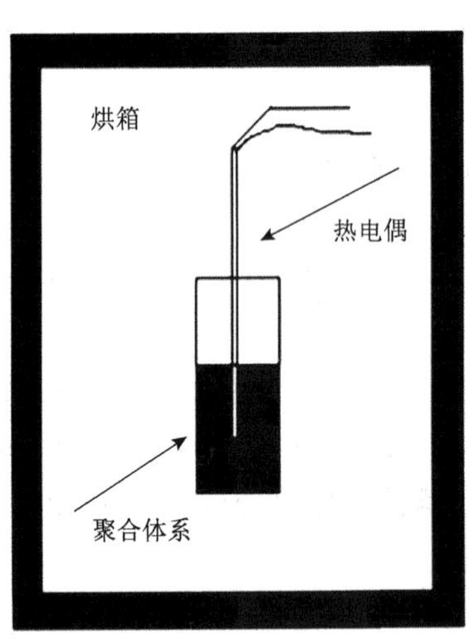

图 3-2　浇铸成型过程温度测试实验装置示意图

MC 尼龙 6 和 MC 尼龙 6/改性碳纳米管(MWNTs—CCL)复合

材料制备过程中的温度变化曲线如图 3-3 所示。由图中可知，无论是纯 MC 尼龙 6 还是 MC 尼龙 6/碳纳米管复合材料的成型聚合体系，其温度变化都呈现为开始聚合时升温速率较快，一段时间后，升温速率突然降低。该现象表明这些聚合体系都具有相似的动力学特征。

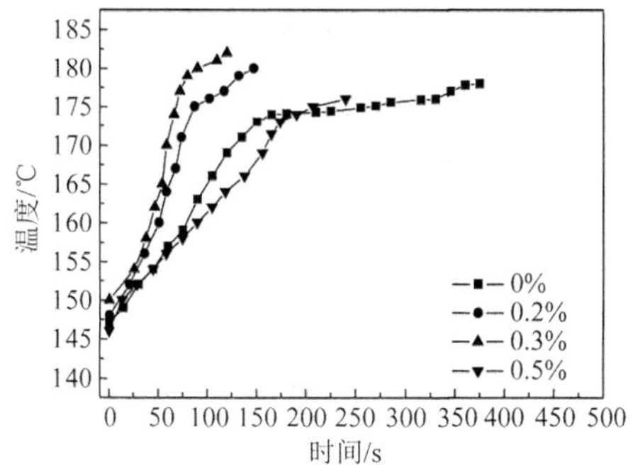

图 3-3　MC 尼龙 6/改性碳纳米管复合材料制备过程中的温度变化曲线

从反应速率的角度分析，可以发现加入碳纳米管后，MC 尼龙 6 成型过程中初始反应速率均高于未添加碳纳米管的成型过程。其原因可能与亲核反应类似，己内酰胺阴离子聚合的链引发阶段可能至少包含三个过程，首先己内酰胺阴离子亲核进攻 *N*-酰化的己内酰胺上的羟基基团，其次引发活性种的形成，最后是内酰胺键的断开。改性后的碳纳米管上接枝有 TDI 与己内酰胺反应生成的 *N*-酰化的己内酰胺，增加了聚合体系中单体己内酰胺亲核进攻 *N*-酰化的己内酰胺上羟基的概率，因此提高了体系的反应速率。从图 3-3 中还可以看出，加入 0.3%(质量分数)碳纳米管的聚合反应体系的反应速率最高，而当碳纳米管含量为 0.5%(质量分数)时，其反应速率最低。这可能是因为当碳纳米管含量增加时，其阻碍己内酰胺阴离子运动的作用增加，抵消了一部分增加反应速率的作用。

为了对比碳纳米管改性前后对聚合反应的影响，本章对未改性碳纳米管/MC 尼龙 6 复合材料成型过程的反应动力学也做了分析。如图 3-4 所示，加入 0.2%(质量分数)的未改性碳纳米管，其成型过程的反应速率并无明显变化，因此证明了接有 *N*-酰化己内酰胺的碳纳米管在复合材料成型过程中起到了活性中心的作用，提高了反应速率。

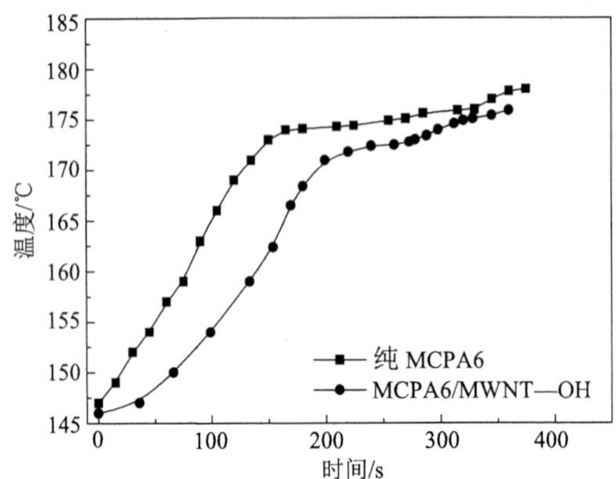

图 3-4　MC 尼龙 6/未改性碳纳米管复合材料制备过程中的温度变化曲线

基于非等温反应分析方法而未考虑自催化效应的反应动力学参数列于表 3-6。从表中可以看出，加入碳纳米管后，计算所得的反应活化能明显提高，而指前因子 *A* 也随着碳纳米管含量的增加而增加。所得的反应级数 *n* 都趋于 1，这表明不论是纯 MC 尼龙 6 还是 MC 尼龙 6/碳纳米管复合材料的成型过程，其聚合反应都可以认为是准一级的。

表 3-6　MC 尼龙 6 及其碳纳米管复合材料成型过程的反应动力学参数

MWNTs 含量	*E*/(kJ/mol)	A/s^{-1}	*n*
0%	97.1	3.65×10^{9}	0.9215
0.2% MWNTs—CCL	130.2	6.93×10^{13}	0.9767
0.3% MWNTs—CCL	137.5	4.91×10^{14}	0.9536
0.5% MWNTs—CCL	139.4	6.99×10^{14}	0.9884
0.2% MWNTs—OH	139.1	3.67×10^{14}	0.9316

Greenly 等提出通过单官能团引发剂在高温下阴离子聚合的分子链降解机理(图 3-5)，而己内酰胺阴离子聚合出现这种现象的情况尤其显著[248]。从图 3-5 中可以看出，聚合物分子链中带有许多酰亚胺基团，因此，己内酰胺阴离子不仅可以从聚合分子链的端链进攻，还可以从分子链的中间酰亚胺基团位置进行亲核进攻而生成新的活性端链，这种情况称为自催化。总体而言，在式(3-8)中出现的自催化参数 B_0 的大小反映着聚合过程自催化程度的高低。

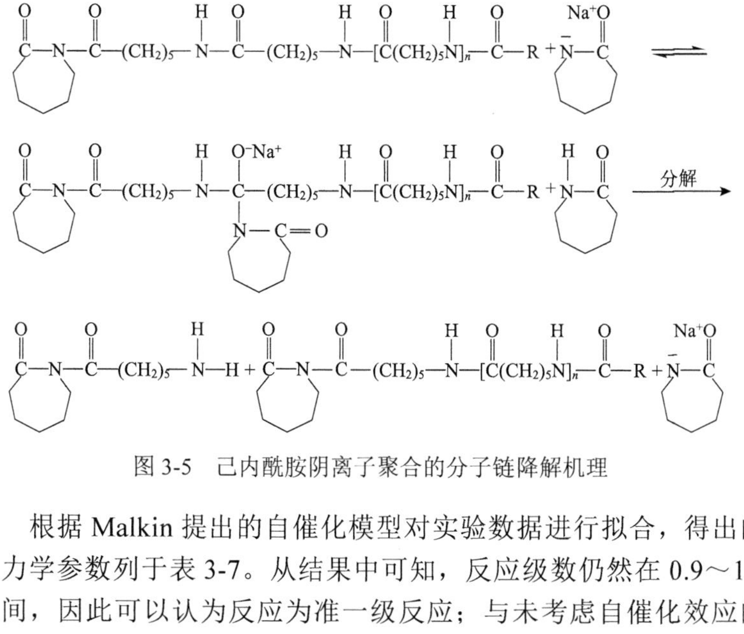

图 3-5　己内酰胺阴离子聚合的分子链降解机理

根据 Malkin 提出的自催化模型对实验数据进行拟合，得出的动力学参数列于表 3-7。从结果中可知，反应级数仍然在 0.9～1.0 之间，因此可以认为反应为准一级反应；与未考虑自催化效应的模型得出的结果不同的是，根据自催化模型的反应活化能随碳纳米管的加入而降低，且与碳纳米管的含量及表面的活性无关；而反应的自催化程度随改性碳纳米管含量的增加而降低，表明碳纳米管含量的大小主要影响反应的自催化过程，而对反应活化能的影响不大。

表 3-7　基于 Malkin 模型得出的 MC 尼龙 6 及其复合材料成型过程的反应动力学参数

MWNTs 含量	E/(kJ/mol)	A/s^{-1}	n	B_0
0 %	98.6	2.95×10^{10}	0.9948	4.2311
0.2% MWNTs—CCL	60.1	4.58×10^{10}	0.9540	6.2272
0.3% MWNTs—CCL	60.0	1.58×10^{10}	0.9162	5.8305
0.5% MWNTs—CCL	60.0	3.40×10^{11}	0.9885	3.5974
0.2% MWNTs—OH	60.1	2.39×10^{11}	0.9051	5.7027

3.3.2　X 射线衍射(XRD)表征分析

尼龙 6 具有两种典型的晶型结构：α 晶和 γ 晶，其中 α 晶更为稳定。根据文献[241]，[252]，α 晶为单斜晶，其晶胞参数为 a=0.956nm，b=1.724nm，c=0.801nm，β=67.5°。MC 尼龙 6 及 MC 尼龙 6/改性碳纳米管复合材料的 XRD 谱图如图 3-6 所示。对于尼龙 6 的 XRD 谱图，在 2θ=19.9° 和 23.7° 出现的峰为 α 晶的(200)和(002)晶面的衍射峰，分别称为 α_1 晶和 α_2 晶。图中所有谱线都具有(200)和(002)晶面的衍射峰，表明改性碳纳米管的加入并未改变尼龙 6 的晶型结构。峰强可以在一定程度上反映结晶度的大小，从图中可以看出，当改性碳纳米管的含量为 0.3%(质量分数)时，复合材料的衍射峰的强度与纯 MC 尼龙 6 的衍射峰强度接近；而当改性碳纳米管的含量增加到 0.5%(质量分数)时，复合材料的衍射峰强度减弱，表明当改性碳纳米管含量较低时，对尼龙 6 的结晶度并没有太大的影响，而当含量较高时，会降低尼龙 6 的结晶度。这可能是由于端基团为 CCL 基团的碳纳米管在聚合时成为活性中心，尼龙 6 分子链接枝到碳纳米管上，限制了尼龙 6 分子链的运动，使得排列在晶格里的分子链减少。

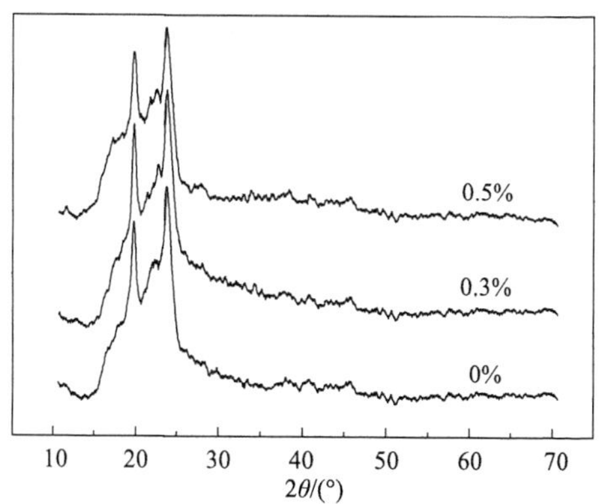

图 3-6　纯 MC 尼龙 6 及不同改性碳纳米管含量的 MC 尼龙 6 复合材料的 XRD 谱图

图3-7对比了未改性碳纳米管/MC尼龙6复合材料的XRD谱图，从图中可以看出，复合材料的(002)晶面的衍射峰强度降低，说明未改性碳纳米管的加入限制了尼龙 6 结晶过程中 α_2 晶的生长。

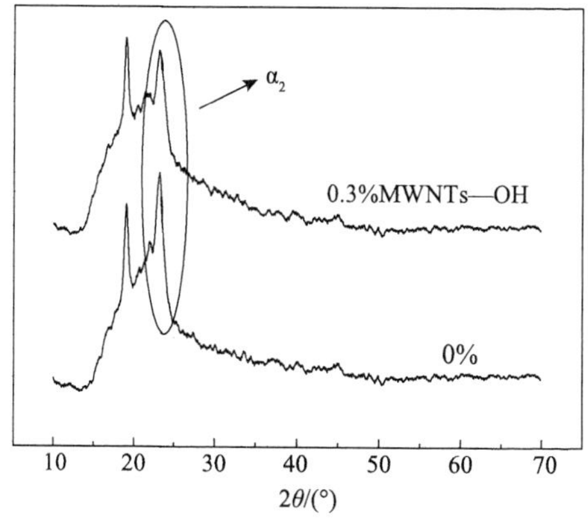

图 3-7　纯 MC 尼龙 6 及 MsC 尼龙 6/未改性碳纳米管复合材料的 XRD 谱图

3.3.3　偏光显微镜(POM)观察

球晶是高聚物结晶的一种最常见的特征形式。当结晶性的高聚物从浓溶液中析出，或从熔体冷却结晶时，在不存在应力或流动的情况下，都倾向于生成更为复杂的结晶，它呈圆球形。在偏光显微镜两正交偏振器之间，球晶呈现特有的黑十字。

取少量纯 MC 尼龙 6 与 MC 尼龙 6/碳纳米管复合材料分别置于载玻片和盖玻片之间，将其置于温度高于基体熔点 10～20℃的热台上保持 7min，及时将其转移到设定温度 180℃的结晶炉中，恒温 2h 后冷却到室温，最后在偏光显微镜下观察基体及界面的结晶形态。在偏光显微镜下对球晶的生长过程的直接观察表明，球晶的生长过程是由晶核开始，以一定的生长速率同时向空间各个方向生长。当球晶生长到一定大小时，会与相邻的球晶相互接触，形成球晶与球晶间的接触界面，并停止生长。从图 3-8 中可以看出，MC 尼龙 6 的球晶大，但由于球晶数目较多，部分球晶因相互碰撞、挤压而呈多边形外貌，这说明 MC 尼龙 6 是结晶度较高的热塑性树脂，在该温度下，分子链可以自由向晶核扩散和堆砌。加入改性碳纳米管的 MC 尼龙 6 体系的结晶形态发生很大变化，由于碳纳米管在体系中起到异相成核的作用，使得试样内部球晶的尺寸变小，球晶的规整性变差，球晶间的边界变模糊。而从加入未改性碳纳米管的 MC 尼龙 6 的球晶形貌可以看出材料的结晶程度变小，由于碳纳米管具有很大的比表面积，与尼龙 6 分子间的相容性差，对 MC 尼龙 6 大分子链段规则排列造成一定的影响，阻碍分子链的堆砌排列。同时在 MC 尼龙 6/未改性碳纳米管复合材料的偏光照片中出现了较多的黑团，这是由于未改性碳纳米管在尼龙 6 基体中的分散性较差，容易发生团聚。

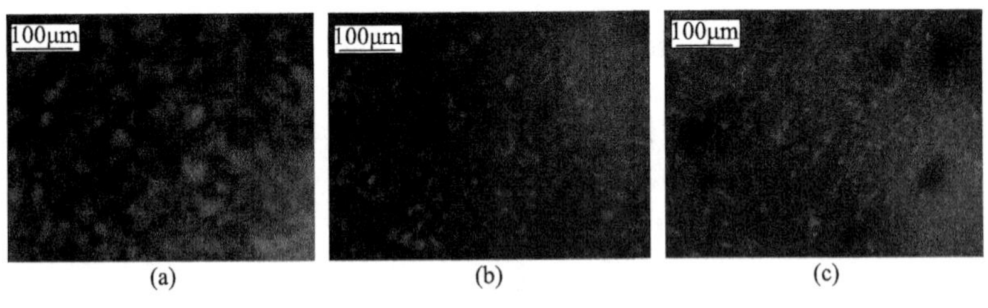

图 3-8　MC 尼龙 6 及其复合材料的球晶形态

3.3.4　场发射扫描电子显微镜表征复合材料断面形貌

为了了解 MWNTs 在 MC 尼龙 6 复合材料中的分布及复合材料中基体相和增强相的界面结合状况，分别对添加 0.2%(质量分数)改性碳纳米管和 0.2%(质量分数)未改性碳纳米管的复合材料试样脆断表面进行 SEM 形貌分析。从图 3-9 中可以看出，改性碳纳米管较为均匀地分散在 MC 尼龙 6 基体中，无明显的团聚现象。未改性碳纳米管的电镜图中，几乎没发现碳纳米管的存在，并存在大量碳纳米管剥落后留下的空洞，说明未改性的碳纳米管与 MC 尼龙 6 基体间的界面结合力差，在外力的作用下很容易脱黏，这也是造成复合材料力学性能较差的原因之一。同时，加入改性碳纳米管后，MC 尼龙 6 的断面层次变得比较丰富，而添加未改性碳纳米管的基体断面比较平整光滑，故当材料受到外力冲击时，容易发生脆断，这也可能是加入改性碳纳米管较添加未改性碳纳米管复合材料冲击强度高的原因。

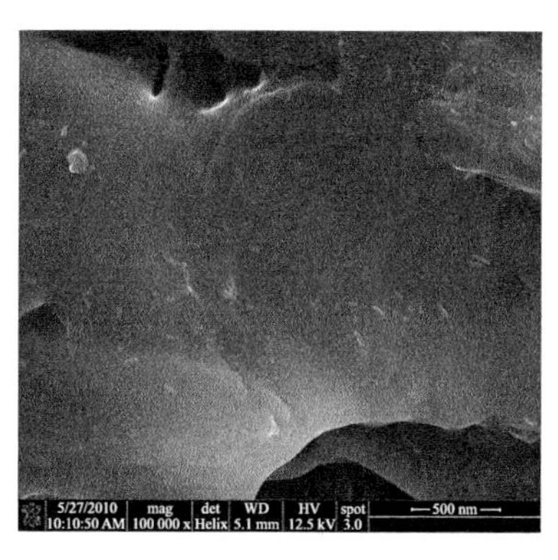

(a)

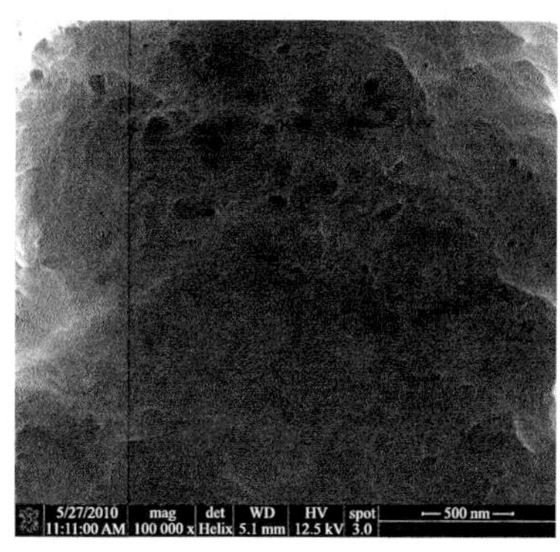

(b)

图 3-9　MC 尼龙 6 及 0.2%(质量分数)碳纳米管复合材料的断面形貌

(a) MC 尼龙 6；(b) 0.2%(质量分数)碳纳米管复合材料

3.3.5　MC 尼龙 6/碳纳米管复合材料的 Molau 实验

称取 MC 尼龙 6/改性碳纳米管复合材料及未改性碳纳米管 MC 尼龙复合材料颗粒各 0.2g，分别溶于 20mL 的甲酸中，并不时地搅拌，观察样品在甲酸中的溶解过程和最终形态。

Molau 实验是通过观察共混物在基体树脂的溶剂中溶解后的分相行为来了解共混体系相容性的直观方法，是一种简便有效的考察共混物界面相容性的实验方法。MC 尼龙 6 易溶于甲酸而形成清澈透明的溶液，而碳纳米管不溶于甲酸。从图 3-10 可以看到，经过甲酸 24h 的浸渍，并不时地搅拌，0.2%(质量分数)未改性碳纳米管增强的 MC 尼龙 6 基本溶解，只剩下不能溶解的未改性的碳纳米管；而 0.2%(质量分数)改性碳纳米管增强的 MC 尼龙 6 只有部分被溶解，碳纳米管表面仍裹有一层 MC 尼龙 6，这是因为改性碳纳米管有 *N*-酰化己内酰胺，不仅可以提高与尼龙 6 基体的相容性，而且在己内酰胺聚合时，可以作为活性中心，使尼龙 6 分子接到碳纳米管表面，两者具有非常好的界面结合力，故其表面的 MC 尼龙 6 较不易被甲酸溶解。从图 3-10 中也可以观察到改性后的碳纳米管在 MC 尼龙 6 中的分散性较未改性的好。

(a)

(b)

图 3-10　MC 尼龙 6/碳纳米管复合材料在甲酸中的 Molau 照片(24h)

(a)未改性碳纳米管 MC 尼龙复合材料；(b)MC 尼龙 6/改性碳纳米管复合材料

3.3.6　MC 尼龙 6/碳纳米管复合材料的非等温结晶下的熔融行为

将样品 4～10mg 以 200℃/min 的升温速率由室温升至 250℃，保持 5min 以消除热历史；然后以 5℃/min 的降温速率降至 50℃。最后以 10℃/min 的升温速率升至 250℃，记录升温曲线。

结晶性聚合物在特定条件下的熔融行为可以反映其结晶过程的晶粒尺寸分布、晶体结构及结晶的完善程度，本章通过分析在不同降温速率下结晶时的熔融行为，考察改性碳纳米管 MC 尼龙 6 熔融行为的影响，见图 3-11。MC 尼龙 6 在低降温速率 5℃/min 时，呈现出双重熔融行为，主峰高温峰的峰温约为 219℃，为 α 型尼龙 6 的熔融峰，而峰温出现在约 213℃的肩峰则为 γ 型尼龙 6 的熔融峰[253]。而当降温速率增加时，发现 γ 型尼龙 6 的熔融峰消失。当降温速率较低时，非等温结晶过程可以视为在较高温度下结晶的等温过程，结晶较为完善与稳定；而随着降温速率的升高，过冷度增加，一些较为不稳定的晶型容易来不及结晶而消失。基于以上的分析，可以认为尼龙 6 的 γ 晶型为不稳定晶型，因此在降温速率升高时来不及结晶。通过对比加入碳纳米管后的 MC 尼龙 6 熔融曲线，可知加入碳纳米管后降低了尼龙 6 的 α 型熔融峰的位置，见表 3-8。主要原因为改性碳纳米管由于与尼龙 6 分子链有较强的黏结力，阻碍尼龙 6 分子链的堆砌，形成的晶片厚度降低，熔点下降。

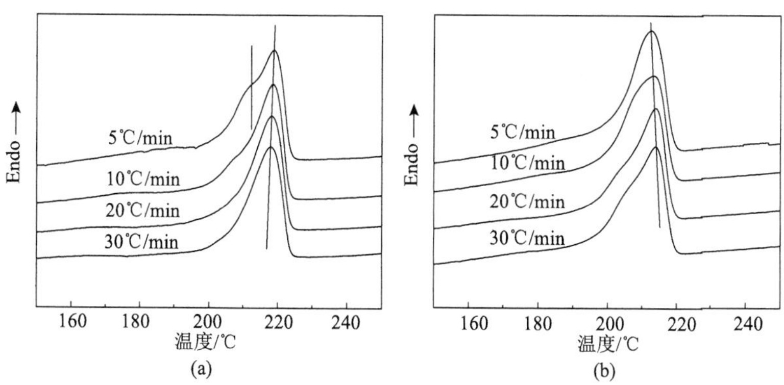

图 3-11　MC 尼龙 6 及其碳纳米管复合材料在不同降温速率结晶的熔融曲线

(a) 纯 MCPA6；(b) MCPA6/ MWNTs—CCL

表 3-8　不同降温速率结晶的 MC 尼龙 6 及其碳纳米管复合材料的熔点

样品质量分数/%	降温速率/(℃/min)	T_m/℃
0	5	218.9
	10	218.7
	20	218.3
	30	218.1
0.3	5	212.8
	10	213.3
	20	213.8
	30	213.8

3.4　本 章 小 结

(1) 基于绝热法思想，采用非等温动力学分析 MC 尼龙 6/碳纳米管复合材料成型过程的反应动力学，计算结果表明，改性碳纳米管的加入提高成型的反应速率，而未改性碳纳米管的加入对反应速率无显著的影响；MC 尼龙 6 及其碳纳米管复合材料的成型反应均可以视为准一级反应；通过 Malkin 提出的自催化模型可知，碳纳米管含量的变化主要影响己内酰胺阴离子聚合反应的自催化过程。

(2) 改性碳纳米管的加入并未改变尼龙 6 的晶体结构，而未改性碳纳米管的加入限制了尼龙 6 结晶过程中 α_2 晶型的生长；相比于纯 MC 尼龙 6，改性碳纳米管复合材料的熔点有所降低，而球晶尺寸有所减小。未改性碳纳米管的加入则会较大程度地降低 MC 尼龙 6 的结晶程度。通过改性，碳纳米管与 MC 尼龙 6 基体的界面黏结力增强。

第 4 章　MC 尼龙 6/改性碳纳米管复合材料非等温结晶动力学研究

4.1　引　　言

在聚合物材料中，具有结晶能力者占有相当的比例，但和低分子材料不同的是，其结晶往往不完善，只能部分结晶，结晶过程也比较复杂[254]。此类半结晶性聚合物的物理、化学及力学性能很大程度取决于聚合物的结晶程度及结晶结构。结晶条件如温度和热历史等是影响聚合物结晶行为的重要因素，结晶条件不同导致的结晶行为差异将会对聚合物的性能产生很大影响[255]。为了控制结晶速率和结晶度以获得预期的形态与性能的聚合物，在结晶动力学及其与聚合物物性关系方面已做了大量的研究工作[256-259]。聚合物结晶动力学研究的是不同条件下聚合物的宏观结晶与结构参数随时间的变化规律。关注成核速率和晶体生长速率，结晶度随时间的变化规律，可得到不同加工条件下结晶诱导时间、半结晶时间和结晶度等物性参数[254]。

MC 尼龙 6 作为一种半结晶性聚合物，与一般铸造和成型冷却过程不同的是，MC 尼龙 6 的浇铸过程是聚合和结晶同时进行的过程，其非等温结晶行为与其成型过程密切相关，因此研究 MC 尼龙 6 的非等温结晶动力学在理论和材料成型工艺指导方面都具有重要的意义。对非等温结晶动力学的处理，较常用的有 Avrami[260]、Ozawa[261]和 Jeziorny[262]方程等。Liu 等[263]把 Ozawa 方程和 Avrami 方程联合起来提出一种新的处理非等温结晶动力学的方法。Urbanovici 等[264]提出一个将 Avrami 方程泛化的新的动力学方程。Kissinger[265]方法是计算结晶活化能常用的方法，然而 Vyazovkin[266]通过理论计算验证，Kissinger 方法不能正确计算降温过程的结晶活化能。本章首先将多壁碳纳米管用甲苯二异氰酸酯改性，并用己内酰胺封端后，通过阴离子聚合方法制备 MC 尼龙 6/碳纳米管复合材料，分别采用 Avrami、Ozawa、Mo 法和 Urbanovici-Segal 方法处理其非等温结晶动力学，最后通过 Friedman[251]方程和 Vyazovkin[267, 268]方法分别计算结晶过程的活化能，探讨改性碳纳米管的加入对 MC 尼龙 6 非等温结晶行为的影响。

4.2 MC 尼龙 6/改性碳纳米管复合材料非等温结晶动力学

4.2.1 MC 尼龙 6/改性碳纳米管复合材料非等温结晶行为

在美国 Perkin-Elmer 公司 Diamond DSC 差示扫描量热仪上研究 MC 尼龙 6 及 MC 尼龙 6/0.3%(质量分数)改性碳纳米管纳米复合材料的非等温结晶行为。气氛为氮气，样品用量为 4～10mg，快速升温 250℃后保温 5min 以消除热历史，然后分别以 5℃/min、10℃/min、20℃/min 和 30℃/min 的降温速率从 250℃等速降温至室温，记录该过程的热焓变化。

图 4-1 所示为 MC 尼龙 6 及 MC 尼龙 6/0.3%(质量分数)改性碳纳米管复合材料的 DSC 非等温结晶曲线，降温速率分别 5℃/min、10℃/min、20℃/min 和 30℃/min。曲线表明，从曲线中可以得到一些结晶参数，如结晶起始温度(T_0)、结晶峰温度(T_{p})、结晶终了温度(T_∞)、结晶焓变(ΔH)和相对结晶度(X_T)。其中，结晶峰温度和结晶焓列于表 4-1 中。结晶焓变是在不考虑碳纳米管热力学贡献的情况下，计算得到的单位质量 MC 尼龙 6 的结晶焓变通常用来反映结晶程度。

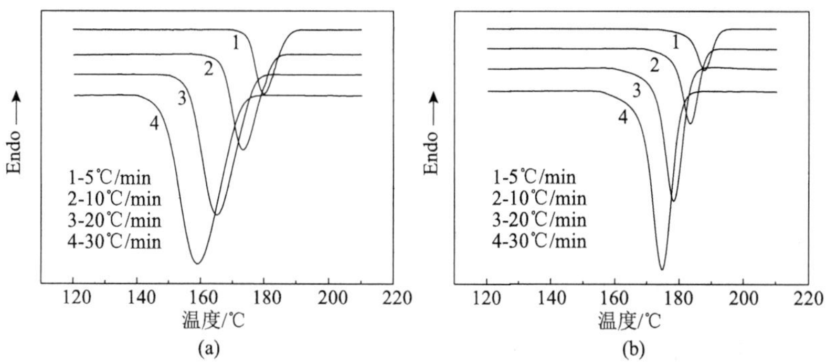

图 4-1　纯 MC 尼龙和 MC 尼龙 6/3%改性碳纳米管复合材料的 DSC 曲线
(a)纯 MC 尼龙 6；(b)MC 尼龙 6/3%改性碳纳米管复合材料

表 4-1　非等温结晶过程中试样的动力学参数

样品	β/(℃/min)	$t_{1/2}$/min	T_p/℃	ΔH/(J/g)
MC 尼龙 6	5	2.25	180.06	48.64
	10	1.20	173.43	47.81
	20	0.80	165.22	45.68
	30	0.60	159.01	44.04
MC 尼龙 6/MWNTs—CCL	5	1.76	187.77	46.65
	10	0.93	183.49	46.46
	20	0.57	178.29	47.61
	30	0.39	174.60	47.54

曲线表明，随着降温速率的增加，MC 尼龙 6 及其复合材料的结晶峰位置都向低温方向移动，这主要是因为在较低降温速率条件下，跃过能量垒的时间足够，结晶可以在较高的温度下开始；而当降温速率升高时，结晶晶核在较低的温度下激活[269]。而同一降温速率条件下，加入改性碳纳米管后的 MC 尼龙 6 的结晶峰温度升高，表明改性碳纳米管作为一种有效的成核剂，增加了 MC 尼龙 6 的结晶速率，且由于异相成核作用，MC 尼龙 6 的球晶尺寸减小，这与之前偏光显微镜的观察结果一致。随着降温速率的增加，结晶峰变大，这是由于降温速率的增加导致结晶时过冷度增加，在较低温度下分子链活动性变差，结晶的完善程度差异也增大，结晶峰变宽[270]。同一

降温速率条件下，加入改性碳纳米管后，MC 尼龙 6 的结晶峰宽度变小，表明碳纳米管的异相成核作用使 MC 尼龙 6 的结晶程度差异性降低。可以看出，加入碳纳米管后，ΔH 的变化不大，表明碳纳米管对 MC 尼龙 6 的结晶度影响不大。

4.2.2　MC 尼龙 6/改性碳纳米管复合材料非等温结晶动力学模型研究

在任意结晶温度时的相对结晶度 X_{T} 可以用式(4-1)计算得出：

$$X_T = \frac{\int_{T_0}^{T} (\mathrm{d}H_{\mathrm{c}} / \mathrm{d}T)\mathrm{d}T}{\int_{T_0}^{T_\infty} (\mathrm{d}H_{\mathrm{c}} / \mathrm{d}T)\mathrm{d}T} \tag{4-1}$$

式中，$\mathrm{d}H_{\mathrm{c}}$ 为无限小温度范围内所释放的结晶热焓。因此，图 4-1 可以相应地转化为相对结晶度 X_T 与温度 T 的关系(图 4-2)。利用公式 $t=(T-T_0)/\beta$ 进行换算(式中，t 为结晶时间；β 为降温速率)，则可以进一步转化为相对结晶度 X_T 与结晶时间的关系，由此可知结晶一半所需时间 $t_{1/2}$，列于表 4-1。

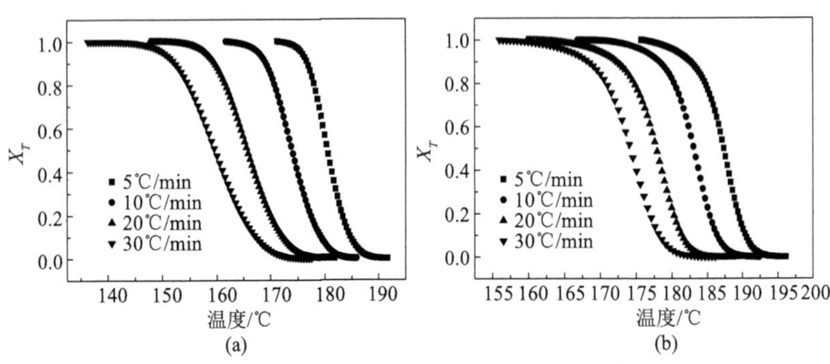

图 4-2　相对结晶度 X_T 与温度 T 的关系曲线

(a)纯 MC 尼龙 6；(b)MC 尼龙 6/3%改性碳纳米管复合材料

从表 4-1 中可以明显看出，正如预期，$t_{1/2}$ 随着降温速率的增加而降低，这是因为 $t_{1/2}$ 是衡量结晶速率的指标；而在同一降温速率下，

MC 尼龙 6/改性碳纳米管复合材料的 $t_{1/2}$ 较低，正如前面所提到的，改性碳纳米管在结晶过程中起到异相成核的作用，有利于结晶。

为进一步全面了解在非等温结晶条件下结晶度的变化情况，本书采用了一系列的动力学模型来分析 MC 尼龙 6 及其改性碳纳米管复合材料的非等温结晶动力学。

1. Ozawa 模型

根据 Ozawa[261]理论，非等温结晶过程是由无限小的等温结晶所组成的结果。按照其理论模型，相对结晶度与温度的关系可以用式(4-2)来表示：

$$1 - X_T = \exp\left[-K(T) / \beta^m\right] \tag{4-2}$$

式中，$K(T)$ 为冷却结晶的函数；m 为 Ozawa 指数，与结晶的生长及成核机理有关。将式(4-2)两边取对数，得

$$\ln[-\ln(1 - X_T)] = \ln K(T) - m\ln\beta \tag{4-3}$$

如果 Ozawa 理论模型是正确的，那么做 $\ln[-\ln(1-X_T)]$ -$\ln\beta$ 曲线就应该是一条直线，而从图 4-3 中可以看出，无论是纯 MC 尼龙还是 MC 尼龙 6/改性碳纳米管复合材料的 $\ln[-\ln(1-X_T)]$-$\ln\beta$ 曲线，其线性都不明显，因此，用 Ozawa 模型来描述其非等温结晶动力学过程并不理想。

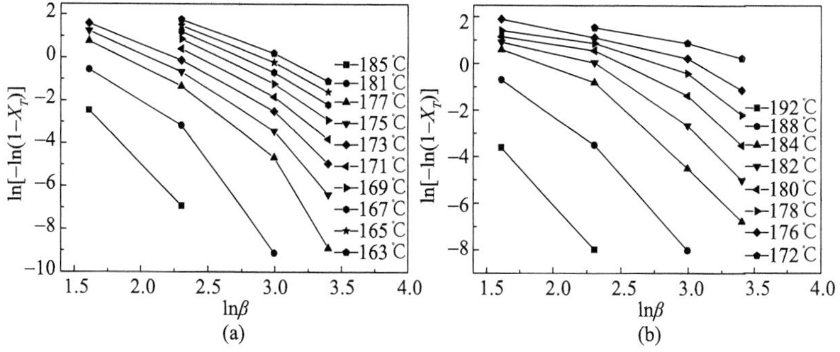

图 4-3　$\ln[1-\ln(1-X_T)]$-$\ln\beta$ 曲线

(a) MC 尼龙 6；(b) MC 尼龙 6/MWNTs—CCL

2. Avrami 模型

用 Avrami 方程处理结晶过程[260]，相对结晶度与时间的关系可以用式(4-4)来表示：

$$X_T = 1 - \exp(-Z_t t^n) \tag{4-4}$$

式(4-4)也可表示为

$$X_T = 1 - \exp[-(Zt)^n] \tag{4-5}$$

式中，n 是 Avrami 指数，它反映的是高聚物结晶成核和生长机理[270]，从以上两个方程可知，Z_t=Z^n。Z 为 Avrami 速率常数，与结晶温度有关，而 Z_t 不仅是温度的函数，还是 Avrami 指数 n 的函数。将式(4-4)两边取对数，可以得到式(4-6)：

$$\ln[-\ln(1 - X_T)] = \ln Z_t + n\ln t \tag{4-6}$$

将实验数据与式(4-6)进行线性拟合，参数 n、Z_t 及 Z 可以从曲线 ln[1−ln(1−X_T)]-ln$t$(图 4-4)的斜率和截距中获得。应该注意的是，Avrami 方程最初提出的时候是描述等温结晶动力学过程，而在非等温条件下，n 和 Z_t 所表示的物理意义应该有所不同，因为非等温结晶动力学还应该取决于降温速率，Jeziorny[262]提出动力学参数 Z_t 需要通过考虑降温速率的影响来进行修正[式(4-7)]。

$$\ln Z_c = \frac{\ln Z_t}{\beta} \tag{4-7}$$

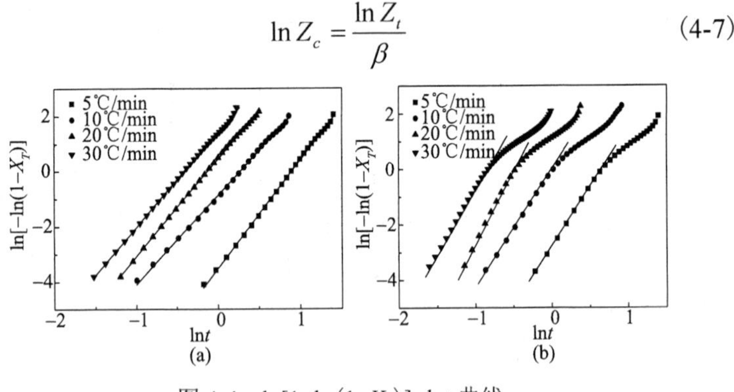

图 4-4 ln[1−ln(1−X_T)] -ln$t$ 曲线

(a) MC 尼龙 6；(b) MC 尼龙 6/MWNTs—CCL

以上从 Avrami 方程和 Jeziorny 方法所得的动力学参数列于表 4-2。

表 4-2　非等温结晶过程中试样的 Avrami 模型参数

样品	β/(℃/min)	n	Z_t/min^{-n}	Z/min^{-1}	Z_c
MC 尼龙 6	5	3.92	0.03	0.41	0.49
	10	3.23	0.42	0.76	0.91
	20	3.52	1.55	1.13	1.02
	30	3.43	4.06	1.50	1.04
MC 尼龙 6/MWNTs—CCL	5	4.23	0.06	0.51	0.57
	10	4.12	0.36	0.78	0.99
	20	4.68	8.17	1.57	1.11
	30	4.52	43.38	2.30	1.13

Avrami 指数主要与分子量、成核类型及二次结晶有关，而与温度的关系不大[271]。从表 4-2 中可以看出，同一降温速率下，复合材料的 Avrami 指数比纯 MC 尼龙 6 的高，表明碳纳米管具有异相成核作用，并且导致尼龙 6 的结晶成核和生长发生了变化；复合材料的 Z_t 也高于纯 MC 尼龙的，表明碳纳米管的加入提高了尼龙 6 的结晶速率。从图 4-4 中看出，纯 MC 尼龙的 $\ln[1-\ln(1-X_T)]$ -ln$t$ 曲线线性较好，而 MC 尼龙 6/改性碳纳米管复合材料，其结晶后期 $\ln[1-\ln(1-X_T)]$-ln$t$ 曲线偏离线性关系。结晶初期的线性关系主要是描述聚合物结晶主期聚合阶段，在结晶后期，即次期结晶或二次结晶阶段，由于生长中的球晶相遇而影响生长，使得方程与实验数据偏离[272]。因此根据以上分析结果可知加入改性碳纳米管后，MC 尼龙 6 的结晶后期的二次结晶过程比较显著。

3. 莫志深方法

莫志深等[263]将 Avrami 方程和 Ozawa 方程联合起来，用以处理非等温结晶过程。将式(4-3)和式(4-6)联立得

$$\ln Z_t + n\ln t = \ln K(T) - m\ln\beta \tag{4-8}$$

将式(4-8)重新整理，得出在某一相对结晶度下的动力学方程[式(4-9)]：

$$\ln\beta = \ln F(T) - \alpha \ln t \tag{4-9}$$

式中，$F(T)=[K(T)/Z]^{1/m}$，为单位时间达到某一相对结晶度所需要的降温速率，表征样品在一定结晶时间内达到某一结晶度时的难易程度。$\alpha=n/m$，其中 n 为 Avrami 指数，m 为 Ozawa 指数。从式(4-9)中，可以知道曲线 $\ln\beta$-$\ln t$ 应为直线，而参数 $F(T)$ 和 α 可以从直线的截距和斜率中得出。图 4-5 为 MC 尼龙 6 及 MC 尼龙 6/碳纳米管纳米复合材料的 $\ln\beta$-$\ln t$ 曲线，从图中可以看出，无论是纯 MC 尼龙 6 还是改性碳纳米管增强的复合材料，其 $\ln\beta$-$\ln t$ 都表现出良好的线性关系，从而说明了莫志深方法可以很好地描述 MC 尼龙 6 及其碳纳米管复合材料非等温结晶过程。所得参数 $F(T)$ 和 α 列于表 4-3。可以看出，达到相同的相对结晶度，复合材料的 $F(T)$ 较小，说明复合材料的结晶速率快于 MC 尼龙 6 的结晶速率，这与之前的分析一致。对于 α 的值，MC 尼龙 6 在 1.32～1.40 之间，复合材料在 1.20～1.24 之间。而对于同一种材料来说，α 的值在不同降温速率条件下几乎都保持一致，这就意味着 Avrami 指数与 Ozawa 指数在不同降温速率下的变化程度保持一致。莫志深方法最重要的特点就是将降温速率与结晶温度、时间及结晶形态关联起来[273]。

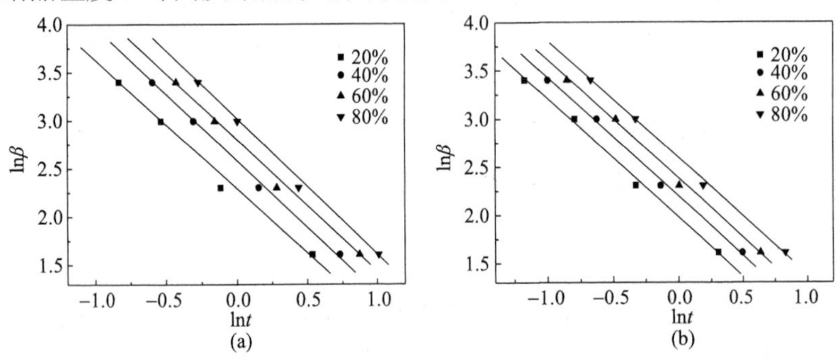

图 4-5　$\ln\beta$-$\ln t$ 曲线

(a) MC 尼龙 6；(b) MC 尼龙 6/MWNTs—CCL

表 4-3　基于莫志深方法的 MC 尼龙 6 和 MC 尼龙 6/MWNTs 复合材料动力学参数

样品	X_T/%	α	$F(T)$
纯 MC 尼龙 6	20	1.32	9.58
	40	1.36	13.06
	60	1.38	15.96
	80	1.40	19.88
MC 尼龙 6/MWNTs—CCL	20	1.24	7.09
	40	1.22	8.93
	60	1.22	10.69
	80	1.20	13.19

4. Urbanovici-Segal 模型

Urbanovici 和 Segal[264]将 Avrami 方程泛化，提出一个新的动力学方程。根据该模型，在某一时间 t，非等温结晶的相对结晶度为

$$X(t)=1-\left[1+(r_{\mathrm{US}}-1)(K_{\mathrm{US}}t)^{n_{\mathrm{US}}}\right]^{1/(1-r_{\mathrm{US}})} \tag{4-10}$$

式中，K_{US} 和 n_{US} 为结晶速率常数和 Urbanovici-Segal 方程指数。r_{US} 用来表征 Urbanovici-Segal 方程和 Avrami 方程偏离的程度，当 $r_{\mathrm{US}}\to1$，该方程就成为 Avrami 方程。因此，K_{US} 和 n_{US} 的物理意义[274]分别与 Avrami 方程的参数 Z 和 n 相同，即 $X(t)=1-\exp[-(Zt)^n]$。本章采用智能微粒群算法[275]，利用 Matlab 软件将式(4-10)与 DSC 实验所得数据进行拟合，拟合结果见图 4-6，拟合得出的参数及拟合的相关系数 r 列于表 4-4。可以看出 r 都趋于 1，说明该模型用来描述非等温结晶过程也是可行的。复合材料的 r_{US} 偏离 1 的程度比较大，说明其非等温结晶过程偏离 Avrami 方程的程度比较大，这与前面的 Avrami 模型分析一致。

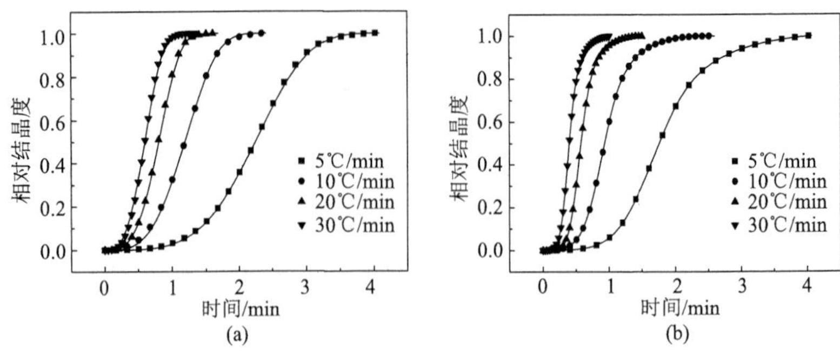

图 4-6　Urbanovici-Segal 的拟合与实验结果对照(曲线为拟合结果)

(a)纯 MC 尼龙 6；(b)MC 尼龙 6/MWNTs—CCL

表 4-4　不同降温速率下基于 Urbanovici-Segal 模型的动力学参数

样品	β/(℃/min)	K_{US}	n_{US}	r_{US}	r
纯 MC 尼龙 6	5	0.40	4.00	0.97	0.9998
	10	0.75	3.45	0.95	0.9996
	20	1.10	3.36	0.88	0.9995
	30	1.45	3.02	0.85	0.9992
MC 尼龙 6/MWNTs	5	0.55	4.62	1.71	0.9997
	10	1.02	4.34	1.52	0.9996
	20	1.68	5.01	1.61	0.9994
	30	1.67	4.94	1.57	0.9989

4.2.3　MC 尼龙 6/改性碳纳米管复合材料非等温结晶活化能

除了前面所涉及的宏观动力学模型，了解结晶过程中的有效活化能对于研究非等温结晶过程同样非常重要。聚合物的结晶主要与两个因素有关，其一为与晶体单元在晶相中穿越所需的活化能有关的动力学因素；其二为与成核的自由能位垒有关的静态因素[276]。Kissinger[265]方法是一种应用广泛的用来计算结晶活化能的方法，将结晶峰温度作为降温速率的变量，从而计算结晶活化能[式(4-11)]：

$$\frac{\mathrm{d}\left[\ln(\beta)/T_{\mathrm{p}}^{2}\right]}{\mathrm{d}\left(1/T_{\mathrm{p}}\right)}=-\frac{E}{R} \tag{4-11}$$

式中，E 为结晶活化能；R 为摩尔气体常量。然而 Vyazovkin[266]通过计算证明 Kissinger 方法在计算降温条件下的结晶活化能会出现不合理的结果，而通过 Friedman 方法[251]或 Vyazovkin 等[267, 268]提出的模型才可以获得正确的结果。本章采用 Friedman 方法和 Vyazovkin 模型分别对 MC 尼龙 6 及其复合材料的非等温结晶活化能进行分析。

Friedman 将非等温结晶过程的结晶活化能处理成为结晶温度的函数，方程表达式为

$$\ln\left(\frac{\mathrm{d}X}{\mathrm{d}t}\right)_{X,i}=\text{常数}-\frac{E_X}{RT_{X,i}} \tag{4-12}$$

式中，$(\mathrm{d}X/\mathrm{d}t)_{X,i}$表示第 i 个降温速率的结晶过程达到某一相对结晶度 X 的瞬时结晶速率；E_X为材料达到该相对结晶度时的结晶活化能。在适宜的结晶度范围内(2%～98%)，取不同结晶度下的实验数据，以 $\ln(\mathrm{d}X/\mathrm{d}t)_{X,i}$对 $1/T_X$ 作直线，斜率为$-E_X/R$，从而得到不同相对结晶度下的结晶活化能曲线，见图 4-7。从图中可以看出，随着结晶度的增加，结晶活化能 E_X升高，说明随着结晶度的升高，结晶变得困难[273]，而刚开始结晶时，由于结晶温度靠近结晶平衡熔点，因此结晶活化能较低。改性碳纳米管的加入明显降低了 MC 尼龙 6 的结晶活化能，这主要是因为改性碳纳米管与尼龙 6 分子链之间强烈的相互作用力，使得分子链能够在改性碳纳米管上排列而结晶，因此所需能量降低；同时也说明复合材料降低的结晶活化能是由碳纳米管与尼龙 6 的作用所提供的，进一步说明了碳纳米管在 MC 尼龙 6 结晶过程中的异相成核作用。

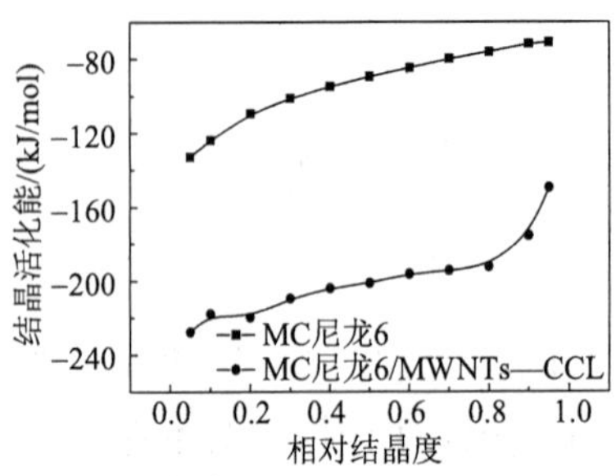

图 4-7　通过 Friedman 方法计算的结晶活化能与相对结晶度的关系

Vyazovkin 提出一种先进的等转化率方法处理在任意温度范围内的动力学。对于经历 n 个不同温度变化的一系列实验，该反应在任意转化率 α 时的活化能为使式(4-13)取得最小值时的 E_a。

$$\Phi(E_a)=\sum_{i=1}^{n}\sum_{j\neq i}^{n}\frac{J\left[E_a,T_i(t_a)\right]}{J\left[E_a,T_j(t_a)\right]} \tag{4-13}$$

其中，

$$J\left[E_a,T_i(t_a)\right]\equiv\int_{t_a-\Delta a}^{t_a}\exp\left[\frac{-E_a}{RT_i(t)}\right]\mathrm{d}t \tag{4-14}$$

式中，转化率 α 的变化范围为 $\Delta\alpha$ 到 $1-\Delta\alpha$，步长 $\Delta\alpha=c^{-1}$，其中 c 为分析过程中所取的转化率的个数。对非等温结晶过程的分析，即以式(4-13)中的 n 表示。

实验采取了 n 个不同的降温速率，本章取 $\Delta\alpha=0.01$，根据式(4-13)和式(4-14)通过计算机软件 Matlab 计算 MC 尼龙 6 及 MC 尼龙 6/碳纳米管复合材料的非等温结晶过程的活化能变化趋势，见图 4-8。从图中可以看出，计算的结果与前面采用的 Friedman 方法一致；对于碳纳米管复合材料，当相对结晶度超过 90%时，结晶活化能急剧上升，表明结晶后期可能遵循另一种结晶机理。

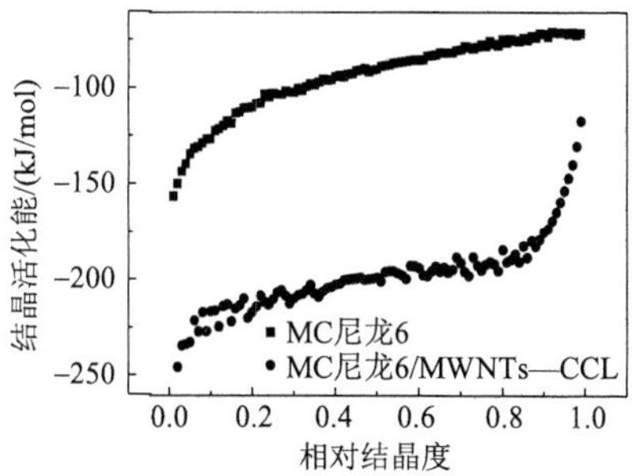

图 4-8　通过 Vyazovkin 方法计算的结晶活化能与相对结晶度的关系

根据 Vyazovkin 等[277]提出的理论，结晶活化能还可以处理成结晶温度的函数，其方程表达式为

$$E_X(T)=U^*\frac{T^2}{(T-T_\infty)}+K_\mathrm{g}R\frac{T_\mathrm{m}^2-T^2-T_\mathrm{m}T}{(T_\mathrm{m}-T)^2T} \tag{4-15}$$

式中，温度 T 为不同降温速率下，结晶达到某一相对结晶度的平均温度，见图 4-9，K_g 和 U^* 为劳里岑-霍夫曼（Lauritzen-Hoffman）参数[278]，通过回归方程式[（4-15）]可以获得这两个函数。

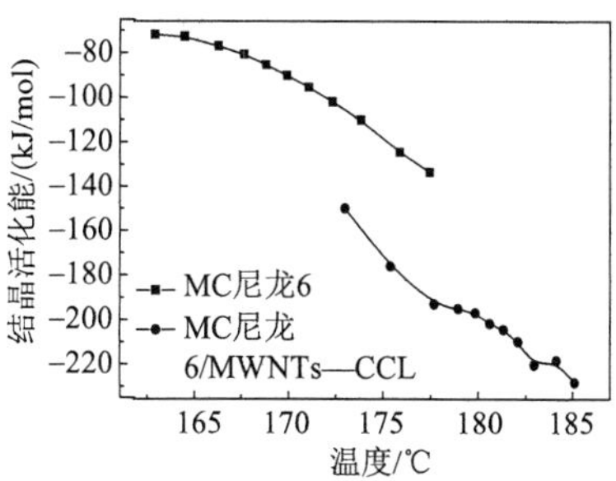

图 4-9　非等温结晶过程中结晶活化能与结晶温度的关系

4.3　本 章 小 结

（1）0.3%（质量分数）改性碳纳米管的加入提高了 MC 尼龙 6 的结

晶速率，其异相成核作用使 MC 尼龙 6 的结晶程度差异性降低，且对 MC 尼龙 6 的结晶度影响不大。

(2) Ozawa 方程无法合理地描述 MC 尼龙 6 及其改性碳纳米管复合材料的动力学过程；Avrami 方程在描述 MC 尼龙 6/改性碳纳米管复合材料时，由于二次结晶过程的影响，结晶后期偏离线性关系；莫志深方法和 Urbanovici-Segal 方法都能够很好地描述 MC 尼龙 6 及 MC 尼龙 6/改性碳纳米管复合材料的非等温结晶动力学。通过 Urbanovici-Segal 方法分析得出，MC 尼龙 6/改性碳纳米管复合材料的非等温结晶过程会较大程度地偏离 Avrami 方程。

(3) 通过 Friedman 方法计算结晶活化能表明，改性碳纳米管的加入明显降低了 MC 尼龙 6 的结晶活化能；Vyazovkin 方法的计算结果与 Friedman 方法的一致，碳纳米管复合材料的结晶后期可能遵循另一种结晶机理，导致其活化能随相对结晶度的增加而急剧上升。

第 5 章　聚丙烯/碳纳米管复合材料的制备及性能研究

5.1　引　　言

目前，有机-无机纳米尺寸复合材料通常可以展现出两种材料的协同性能，因此无论是在理论还是在应用研究方面都引起了广泛的关注。而作为发展前景广阔的聚合物基纳米复合材料已逐渐成为复合材料的一种重要发展方向，它涉及材料物理、材料化学、有机材料、高分子化学与物理等众多学科的基本知识。有机组分和无机组分在纳米级复合，结合了无机材料的高强度、高硬度、高稳定性和聚合物有机材料的高柔性、高韧性、可加工性等性能，同时还具有纳米级特殊的光学、电学、磁学等性质。有机聚合物作为纳米材料的支持载体，能够克服纳米材料物理、化学的不稳定性，是纳米复合材料获得成功应用的极其重要的因素[279]。

随着高分子材料及复合材料工业化应用进程的加快，各工业部门不断提出更高的要求，如较高的拉伸强度、模量、热导率、热畸变温度及较低的热膨胀性和成本等，纯树脂显得力不从心[280]，显然通过发展纳米复合材料会是一种能够改善纯聚合物树脂本身缺点的有效途径。本章通过熔融共混法制备聚丙烯/多壁碳纳米管纳米复合材料，并对该复合材料的力学性能和电性能进行研究；采用热变形维卡软化点温度测定仪和熔体流动速率仪考察复合材料热变形温度及熔体流动速率；通过偏光显微镜、X 射线衍射法及热分析仪分析碳纳米管对聚丙烯的晶体尺寸与结构、结晶后熔融行为及热稳定性的影响。

5.2　聚丙烯/碳纳米管复合材料的制备

将聚丙烯、碳纳米管按一定配比放入高速混合机中搅拌均匀，然后经双螺杆挤出机熔融挤出造粒，所得粒料置于70℃烘箱中干燥12h，双螺杆挤出机的温度设定见表5-1。复合材料测试样条的制备采用注塑成型，注塑机的加工温度从加料口至喷嘴分别设定为190℃、200℃、210℃、195℃，注塑压力为30MPa，注射时间为2s，保压压力为18MPa，保压时间为6s。

表5-1　双螺杆挤出机的温度设定

区间	Ⅰ	Ⅱ	Ⅲ	Ⅳ	Ⅴ	Ⅵ	喷嘴
温度/℃	175	190	210	210	210	195	185

5.3　聚丙烯/多壁碳纳米管复合材料的性能表征

5.3.1　聚丙烯/多壁碳纳米管复合材料的拉伸强度

由图5-1中可以看出，加入碳纳米管后，聚丙烯的拉伸强度提高。碳纳米管作为复合材料理想的增强材料和功能材料，其高达1.8TPa的杨氏模量优于所有碳纤维，可极大地提高复合材料的强度[281]。碳纳米管含量为1%(质量分数)时，复合材料的拉伸强度最高，继续增强碳纳米管含量时，其拉伸强度反而下降。这可能是因为碳纳米管的表面能较高，当碳纳米管含量增加时，其在聚丙烯基体中的分散性变差，容易形成团聚，从而抵消了一部分碳纳米管增强的作用。碳纳米管以两种方式存在于复合材料中，一是碳纳米管存在于晶粒中；二是碳纳米管沿晶界分布。两种分布方式有利于提高复合材料的力学性能，其机理为晶粒中的碳纳米管可以有效地起到传递载荷的作用，晶界上的碳纳米管可以有效地抑制晶粒长大[282]。

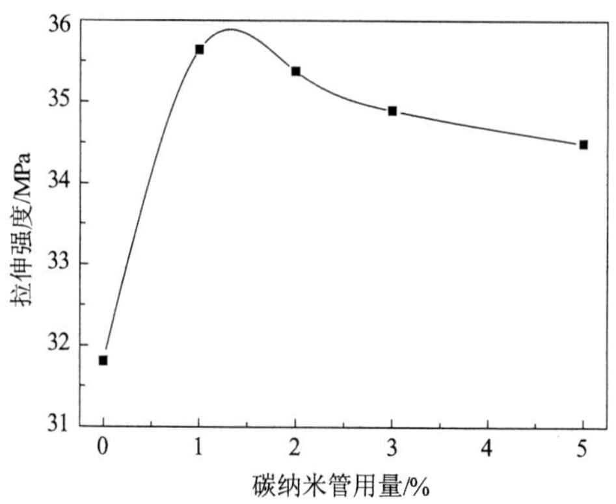

图 5-1 碳纳米管用量对复合材料拉伸强度的影响

图 5-2 展示了碳纳米管用量对复合材料弯曲强度的影响情况，从图中可以看出，复合材料的弯曲强度与碳纳米管的关系曲线与其拉伸强度与碳纳米管含量的关系曲线类似，空白聚丙烯的弯曲强度为 25.5MPa，当碳纳米管含量为 2%(质量分数)时，复合材料的弯曲强度达到最高值，为 34.4MPa，提高了 34%。当碳纳米管含量进一步增加，弯曲强度增加的幅度降低。弯曲强度的提高，可能是因为碳纳米管分散在聚丙烯基体中，与聚丙烯分子链发生缠绕，限制了分子链的运动，材料的模量提高。

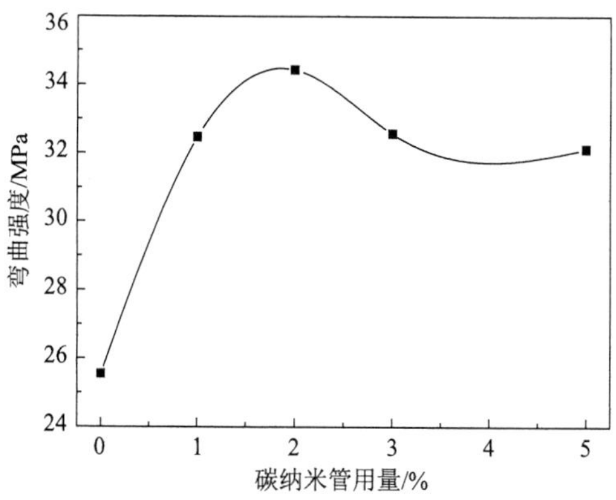

图 5-2 碳纳米管用量对复合材料弯曲强度的影响

图 5-3 为碳纳米管用量对复合材料冲击强度影响的关系曲线。曲线表明，碳纳米管的加入降低了聚丙烯的冲击强度，这可能有两方面原因，一是作为分散相的碳纳米管在聚丙烯受到冲击力时，不能终止裂纹或产生银纹吸收冲击能，二是碳纳米管在提高聚丙烯刚度的同时，牺牲了材料的韧性，使得聚丙烯变得很脆，所以容易产生脆性断裂。

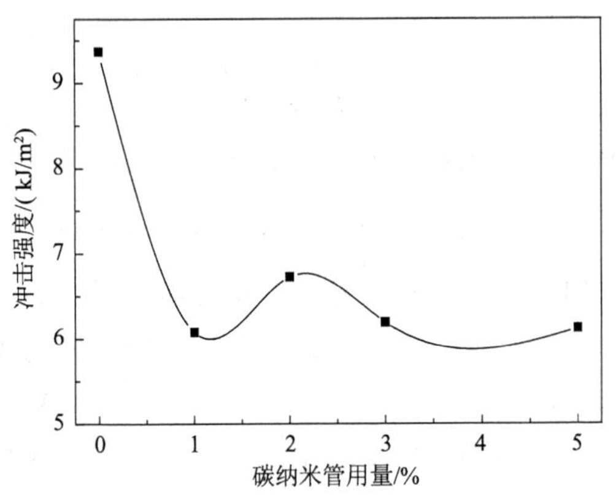

图 5-3　碳纳米管用量对复合材料冲击强度的影响

5.3.2　聚丙烯/多壁碳纳米管复合材料的热变形温度

热变形温度是表达被测物的受热与变形之间关系的参数。测试时对高分子材料或聚合物施加一定的负荷，以一定的速率升温，当达到规定形变时所对应的温度，是衡量聚合物或高分子材料耐热性优劣的一种量度。图 5-4 为碳纳米管用量对复合材料热变形温度的影响关系曲线，从图中可以看出，加入碳纳米管后，聚丙烯的热变形温度提高。当碳纳米管含量为 2%(质量分数)时，复合材料的热变温度最高，为 105.5℃。碳纳米管的石墨片层结构决定了其具有良好的热稳定性，加入聚合物基体中，可以提高聚合物的热稳定性。同时，在材料受到弯曲应力时，碳纳米管可以为基体分担部分外界负荷，并阻碍聚丙烯大分子链的运动，提高了复合材料的热变形温度。

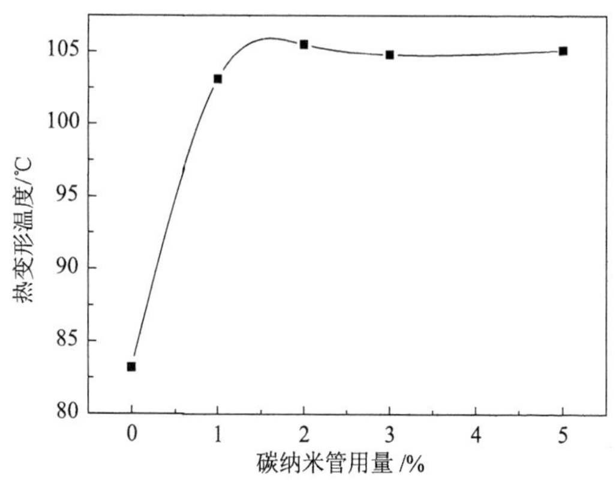

图 5-4　碳纳米管用量对复合材料热变形温度的影响

5.3.3　聚丙烯/多壁碳纳米管复合材料的熔体流动速率

熔体流动速率(MFR)是指在一定的温度和压力下，树脂熔料通过标准毛细管的速率，单位为 g/10min。熔体流动速率是一个选择塑料加工材料和牌号的重要参考依据，能使选用的原材料更好地适应加工工艺的要求，使制品在成型的可靠性和质量方面有所提高。碳纳米管含量对复合材料的熔体流动速率的影响如图 5-5 所示。从图中可以看出，碳纳米管的加入，提高了复合材料的熔体流动速率，当碳纳米管含量为 1%(质量分数)时，复合材料的熔体流动速率最高，而当碳纳米管含量进一步增加时，材料的熔体流动速率反而下降。这可能是因为少量的碳纳米管起到了降低熔体黏度的作用，熔体流动速率增加，而较多的碳纳米管阻碍了聚合物的流动，抵消了部分碳纳米管降低材料黏度的作用，降低了熔体流动速率。

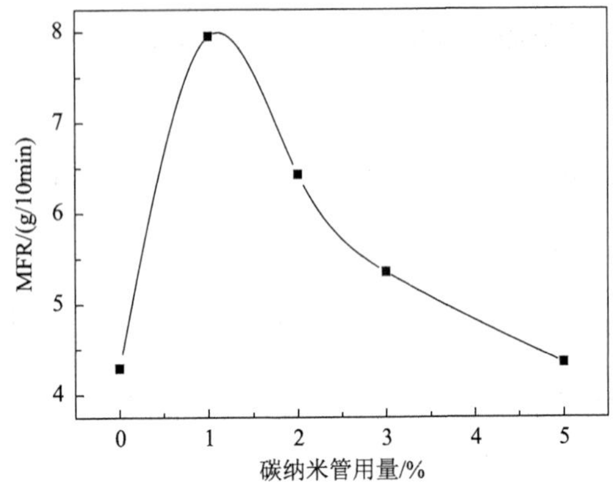

图 5-5　碳纳米管用量对复合材料熔体流动速率的影响

5.3.4　聚丙烯/多壁碳纳米管复合材料的电性能

对于复合材料，碳纳米管优异的电学性质能够显著地改变聚合物基体的导电性能，其具有很大的比表面积及长径比，因此在含量非常低的情况下，碳纳米管/聚合物复合材料就可能获得良好的导电性。从图 5-6 中可以发现随着碳纳米管含量的增加，聚丙烯/碳纳米管复合材料的体积电阻率降低；当碳纳米管含量为 3%(质量分数)时，体积电阻率急剧下降，发生了突变，因此碳纳米管含量为 3%(质量分数)时为聚丙烯/碳纳米管复合材料的导电渗透阈值。随着碳纳米管含量进一步增加，复合材料的体积电阻率又趋于平缓。主要原因为当碳纳米管含量较低时，相邻的碳纳米管之间距离较大，电子在复合体系中移动时仍会遇到绝缘的聚合物基体，因而体积电阻率较高。当碳纳米管含量增加时，它们之间的距离减小，相互接触，通过电子跃迁形成了连续的导电通路或导电网络，因而体积电阻率急剧下降，即达到渗滤阈值。而超过渗滤阈值后，由于导电网络的基本形成，复合材料体积电阻率达到平衡，导电复合体系的体积电阻率变化又趋于平缓。

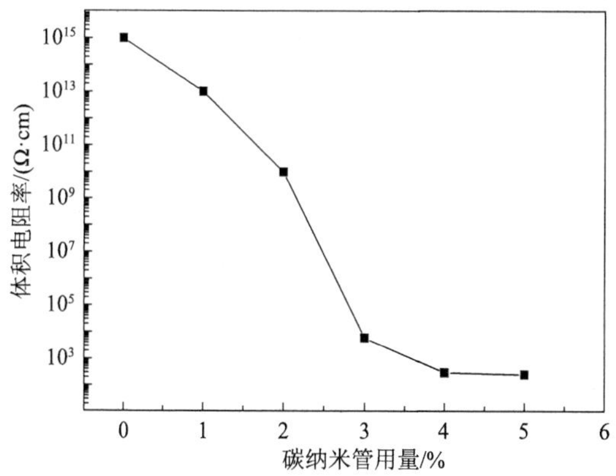

图 5-6　碳纳米管用量对复合材料体积电阻率的影响

5.3.5　复合材料的结晶形态

聚丙烯作为一种半结晶性高分子，其结晶结构、形态及结晶度将直接影响聚丙烯材料的最终物理与力学性能。在一般加工条件下，等规聚丙烯熔体在降温过程中结晶基本上是 α 球晶。作为一种稳定的球晶，α 球晶是由一束晶束从中心向外辐射生长，不同的晶粒围绕成核中心独自生长，具有明显的边界。图 5-7 为聚丙烯及其碳纳米管复合材料的偏光显微镜照片，从图中可以看出球晶尺寸较大且边界清晰，结晶度较高[283]。加入碳纳米管后，聚丙烯球晶的晶粒尺寸减小，晶粒明显细化，当碳纳米管含量增加时，晶粒的尺寸有进一步减小的趋势。碳纳米管在结晶过程中作为聚丙烯结晶结构中的晶核，减小聚丙烯成核结晶的界面能，促进聚丙烯链段以该晶核为中心开始结晶，加快熔体聚丙烯无定形分子线团向结晶聚丙烯的具有稳定作用的螺旋结构转变，并对螺旋结构具有稳定作用，加快了聚丙烯的成核速率。由于异相成核作用，成核中心增多，球晶生长空间变小，当晶体生长遇到另一晶体时即停止结晶，使得聚丙烯内部形成紧密化、细微化的球晶。球晶大小和分布明显改善，球晶排列紧密。晶粒被细化成小晶粒，理论上应该有利于复合材料韧性的增加，然而前面的力学测试表明加入碳纳米管后，聚丙烯的冲击强度降低，这可能是因为碳纳米管在聚丙烯中团聚时产生应力集中点，造成材料结构上的缺陷，使得冲击强度降低。从偏光照片中还可以观察到碳纳米管在聚丙烯中的分散情况，随着碳纳米管含量的增加，其在聚丙烯基体中的团聚现象变得明显。

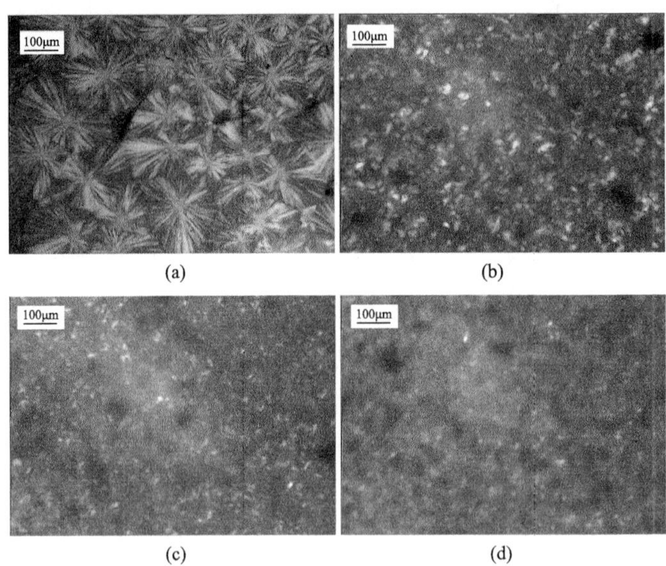

(a) (b)

(c) (d)

图 5-7 聚丙烯及其碳纳米管复合材料的偏光显微镜图片

(a)碳纳米管含量 0%；(b) 碳纳米管含量 1%；(c)碳纳米管含量 2%；(d)碳纳米管含量 3%

5.3.6 复合材料的 XRD 测试分析

显然，碳纳米管的引入除了会影响复合体系聚丙烯基体的结晶形貌，还有可能会影响聚丙烯基体最终的结晶构型。本章通过 XRD 谱图考察不同含量碳纳米管的加入对聚丙烯结晶构型的影响，如图 5-8 所示。在 2θ 为 14.1°、16.9°、18.6°、21.1°、21.8°、25.3°处的衍射峰分别对应于聚丙烯结晶 α 晶相的(110)、(040)、(130)、(111)和(131)晶面的衍射[284]，而 2θ 为 16.12°处的衍射峰对应的是聚丙烯结晶 β 晶相的(300)晶面的衍射。从纯聚丙烯的 XRD 谱图上，并未观察到(300)晶面的衍射峰，表明本章所采用的聚丙烯主要结晶形态为 α 晶型。而加入碳纳米管后，聚丙烯结晶的特征衍射峰的位置基本保持不变，而且没有新的结晶峰的出现，说明碳纳米管的加入并没有改变聚丙烯的晶型结构。

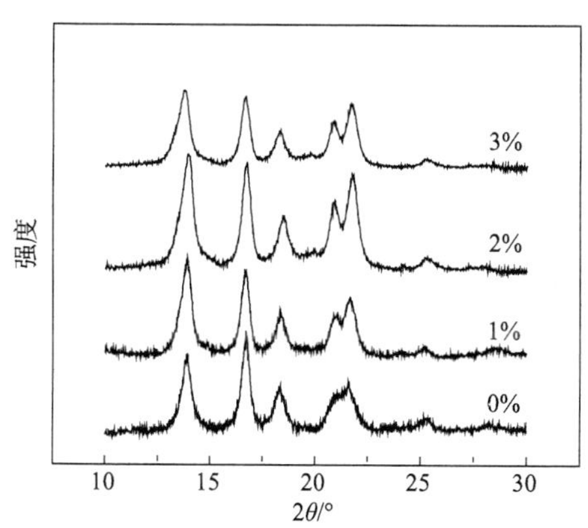

图 5-8　聚丙烯及其碳纳米管复合材料的 XRD 谱图

5.3.7　复合材料在不同温度下结晶后的熔融行为

图 5-9 为聚丙烯及聚丙烯/1%(质量分数)碳纳米管复合材料在不同温度下结晶后的熔融曲线。图中可以观察到，纯聚丙烯熔融曲线中出现了两个熔融峰，第一个峰出现在 151～153℃的位置(箭头所示)，记为熔融峰Ⅰ。第二个峰出现在约 165℃的位置，记为熔融峰Ⅱ。根据文献报道[285]，熔融峰Ⅰ为 β 晶型的熔融峰，熔融峰Ⅱ为 α 晶型的熔融峰；加入碳纳米管后，β 晶型的熔融峰消失，表明碳纳米管抑制 β 晶的形成，结合 XRD 分析，进一步证明碳纳米管为聚

丙烯的 α 晶成核剂。将不同结晶温度下的熔融峰位置列于表 5-2，从表中可知，纯聚丙烯的 α 晶熔融峰位置几乎与结晶温度无关，而聚丙烯/碳纳米管的 α 晶熔融峰位置随结晶温度的升高而逐渐升高，因此结晶温度影响聚丙烯/碳纳米管复合材料的熔融行为，这可能和碳纳米管与聚丙烯分子链之间的相互作用有关。

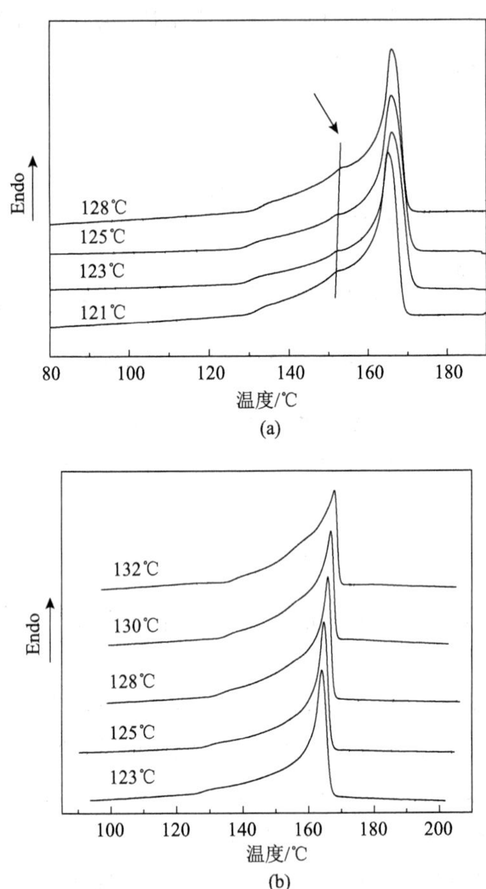

图 5-9　聚丙烯及聚丙烯/1%(质量分数)碳纳米管复合材料在不同结晶温度下的熔融曲线

(a)纯 iPP；(b)iPP/MWNTs

表 5-2　聚丙烯及其碳纳米管复合材料等温结晶的熔点

样品	温度/℃	T_m（Ⅰ）/℃	T_m（Ⅱ）/℃
纯 iPP	121	152.8	165.5
	123	151.9	166.0
	125	151.8	166.0
	128	151.5	166.5
PP/MWNTs	123	—	164.0
	125	—	164.6
	128	—	166.0
	130	—	166.8
	132	—	167.9

5.3.8　复合材料的热稳定性

图 5-10 为聚丙烯及其碳纳米管复合材料的热稳定性，从图中可以看出，1%(质量分数)碳纳米管的加入显著提高了聚丙烯热分解温度。从曲线计算得到聚丙烯及其碳纳米管复合材料的热分解速度最大时的温度分别为 430.1℃和 457.3℃。

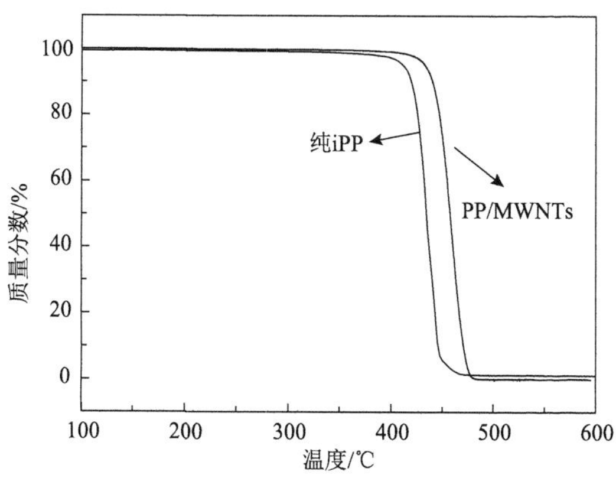

图 5-10　聚丙烯及其碳纳米管复合材料的热稳定性

5.4 本 章 小 结

(1)加入碳纳米管后，聚丙烯的拉伸强度、弯曲强度、热变形温度及熔体流动速率提高，而冲击强度降低。随着碳纳米管含量的增加，聚丙烯/碳纳米管复合材料的体积电阻率降低，其渗透阈值为3%(质量分数)。

(2)POM 结果表明，加入碳纳米管后，聚丙烯球晶的晶粒尺寸减小，晶粒明显细化，当碳纳米管含量增加时，晶粒的尺寸有进一步减小的趋势。XRD 及不同结晶温度下的熔融行为分析表明碳纳米管为聚丙烯的 α 晶成核剂；碳纳米管的加入显著提高了聚丙烯的热稳定性。

第6章　聚丙烯/碳纳米管复合材料的结晶动力学及碳纳米管的成核效率

6.1　引　　言

无机粒子可增强聚合物的性能，尤其是力学性能。由于粒子在聚合物的结晶过程中可能发挥成核剂的作用，一般会引起聚合物的结晶行为及形态的变化，结晶行为及结晶形态对于聚合物材料最终的使用性能起着关键性的作用。而纳米粒子本身具有较独特的性质，如较大的比表面积、表面原子处于高度活化状态等，因此纳米粒子对聚合物的结晶行为将产生更大的影响[286]。研究聚合物基纳米复合材料的结晶动力学并获得其参数对于优化复合材料的成型加工条件及最终产品的性能都具有重要的意义。

综上所述，聚合物/无机纳米粒子复合材料的结晶行为已成为研究热点。Naffakh 等[287]用纳米尺寸的富勒烯状二硫化钨粒子(IF-WS_2)来增强聚丙烯，并研究其对聚丙烯等温结晶动力学的影响，研究结果表明，IF-WS_2的加入显著提高了聚丙烯的结晶速率，并且随着 IF-WS_2 含量的增加，复合材料的折叠表面自由能降低。Avella 等[288]将具有不同晶型及粒子尺寸的碳酸钙加入聚丙烯基体中，并且将两种不同的相容剂涂覆在粒子表面，发现相容剂的种类很大程度上影响了碳酸钙纳米粒子在聚丙烯基体中的成核作用。Liu 等[289]通过 DSC、XRD、POM 及 SEM 研究埃洛石纳米管(HNTs)对聚丙烯结晶的成核作用，研究发现，HNTs 在适合的动力学条件下对聚丙烯结晶具有 α 晶型及 β 晶型的双重成核作用。Raka 等[290]通过乳液技术制备聚丙烯/1%(质量分数)黏土纳米复合材料，并研究其非等温结晶动力学，结果表明，复合材料的结晶起始温度较空白聚丙烯的提高 5℃。

本章在等温及非等温结晶条件下，研究聚丙烯/碳纳米管复合材料的结晶动力学；采用球晶生长速率方程以获得聚丙烯及其碳纳米管复合材料的表面自由能；研究了碳纳米管在聚丙烯基体中的成核效率，最后用 Friedman 方法计算聚丙烯及其碳纳米管复合材料的结晶活化能。

6.2　聚丙烯/碳纳米管复合材料结晶动力学

在美国 Perkin-Elmer 公司 Diamond DSC 差示扫描量热仪上研究聚丙烯及聚丙烯/1%(质量分数)多壁碳纳米管复合材料在不同温度下的等温结晶及在不同降温速率下的非等温结晶的结晶行为。气氛为氮气，样品用量为 4～10mg。等温结晶以 200℃/min 迅速升温至 210℃后保温 5min 以消除热历史，然后以 100℃/min 快速降温至结晶温度，恒温至无结晶热释放，记录等温结晶曲线。接着以 100℃/min 降至 70℃；对于非等温结晶行为的测试，将样品快速升温至 210℃保温 5min 消除热历史后，分别以不同的降温速率 5℃/min、10℃/min、20℃/min、40℃/min 降至室温，记录等速降温时的热焓变化过程。

6.2.1　聚丙烯/碳纳米管复合材料等温结晶动力学

1. 聚丙烯/碳纳米管复合材料等温结晶行为

图 6-1 列出聚丙烯及聚丙烯/碳纳米管复合材料等温结晶过程的热焓变化曲线。从图中可以看出，随着结晶温度的升高，即过冷度

减小，结晶的放热峰变宽，达到结晶峰的时间延长，因此，随着结晶温度的升高，结晶速率降低。从图 6-2 中可以看出，自结晶开始到达到最快结晶速率的时间为 t_p，并随着结晶温度的升高而增加；同时，在结晶温度相近的情况下（123℃、125℃和 128℃），聚丙烯/碳纳米管复合材料的 t_p 小于纯聚丙烯的 t_p，这说明，由于异相成核效应，碳纳米管的加入提高了聚丙烯的结晶速率。

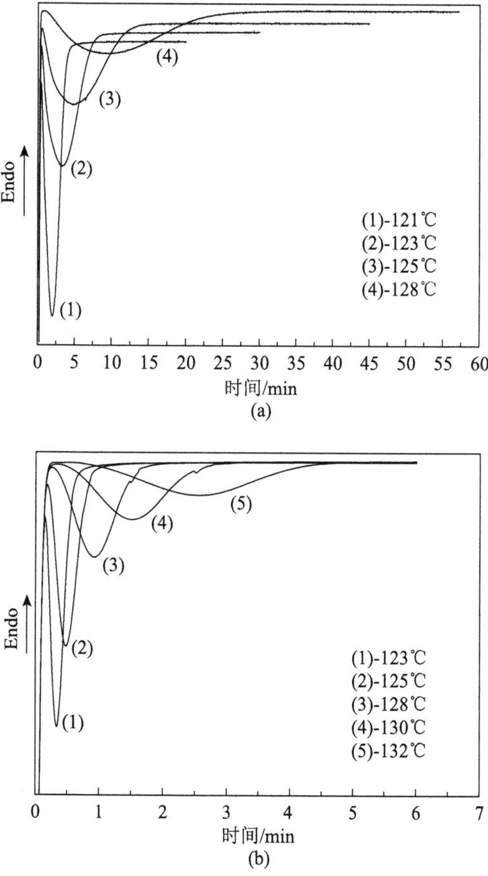

图 6-1　聚丙烯及其碳纳米管复合材料在不同温度下的结晶 DSC 曲线

(a)纯 iPP；(b)iPP/MWNTs

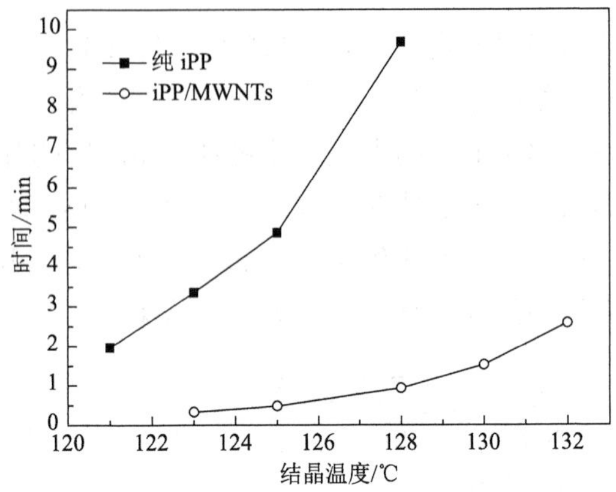

图 6-2　聚丙烯及其碳纳米管复合材料在不同温度下的 t_p

为了分析复合材料的等温结晶动力学，基于结晶度与结晶过程中释放的热量呈线性关系的假设，不同时刻的相对结晶度 $X(t)$ 可以通过式(6-1)获得：

$$X(t)=\frac{\int_0^t (\mathrm{d}H_c / \mathrm{d}t)\mathrm{d}t}{\int_0^\infty (\mathrm{d}H_c / \mathrm{d}t)\mathrm{d}t} \tag{6-1}$$

式中，$\mathrm{d}H_c$ 为无穷小时间内 $\mathrm{d}t$ 的结晶过程所释放的热焓；t 和∞分别为结晶过程所经历的时间及结晶结束所需时间。计算得到的 $X(t)$-t 曲线列于图 6-3，从图中关系曲线得到半结晶时间 $t_{0.5}$，列于表 6-1。从图中可以看出，所有曲线均为 S 形，表明所有材料在不同结晶温度下结晶过程的不同主要是由温差效应引起的[291]。为了研究聚丙烯及其复合材料等温结晶的动力学过程，本章采用 Avrami 方程对其进行分析，将式(4-4)两边取二次对数，做 $\lg\{-\ln[1-X(t)]\}$-$\lg t$ 曲线，见图 6-4，并获取 Avrami 常数 Z_t，列于表 6-1。从表 6-1 中可知，随着结晶温度的升高，半结晶时间增加；而结晶温度相同时，聚丙烯/碳纳米管复合材料的半结晶时间远小于纯聚丙烯的半结晶时间，且聚丙烯/碳纳米管复合材料的 Z_t 大于纯聚丙烯的 Z_t，这些结果表明，碳纳米管作为聚丙烯结晶的异相成核剂，可以有效地促进聚丙烯的结晶。

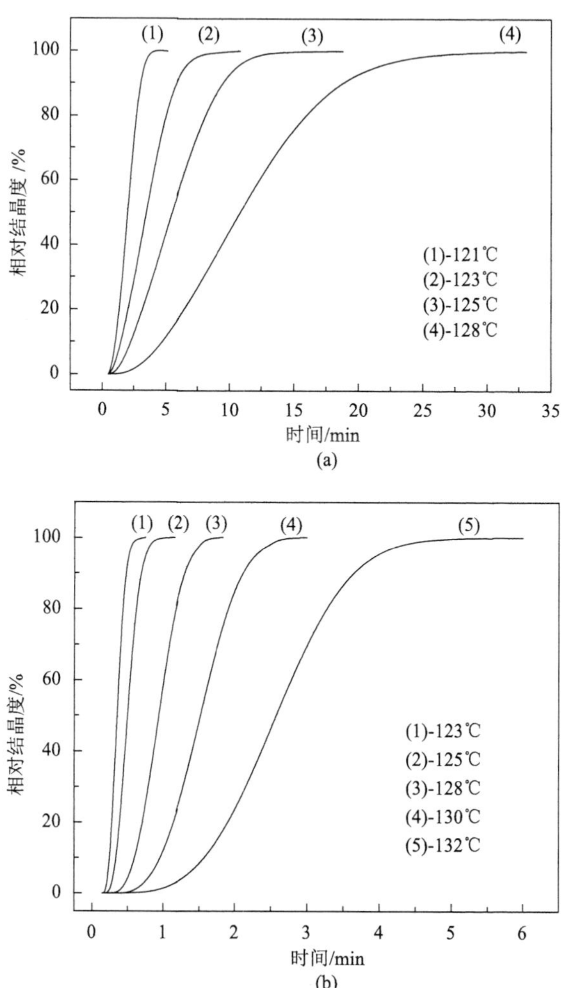

图 6-3　聚丙烯及其碳纳米管复合材料在不同结晶温度下的相对结晶度与时间的关系

(a) 纯 iPP；(b) iPP/MWNTs

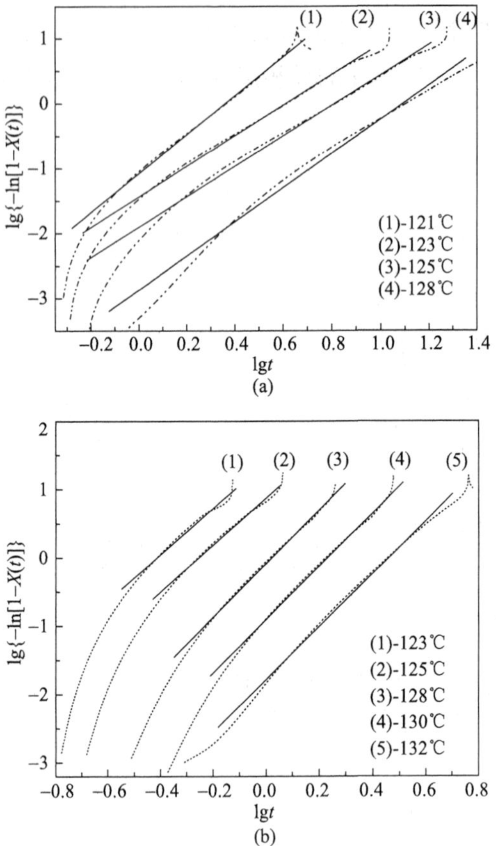

图 6-4　聚丙烯及其碳纳米管复合材料的等温结晶的 lg{−ln[1−X(t)]}-lgt 曲线

(a)纯 iPP；(b)iPP/MWNTs

表 6-1　聚丙烯及其碳纳米管复合材料在不同温度下结晶的动力学参数

样品	T_c/℃	t_{max}/min	Z_t/min^{-n}	n
纯 iPP	121	1.90	8.38×10^{-2}	2.99
	123	3.25	3.67×10^{-2}	2.34
	125	5.03	1.25×10^{-2}	2.34
	128	10.02	1.34×10^{-3}	2.63
		$\bar{n}=2.59\pm0.23$		

续表

样品	T_c/℃	t_{max}/min	Z_t/min^{-n}	n
iPP/MWNTs	123	0.34	24.55	3.37
	125	0.49	7.38	3.42
	128	0.93	0.81	3.92
	130	1.52	0.12	3.90
	132	2.58	0.016	3.87
		$\bar{n}=3.70\pm0.24$		

2. 球晶生长速率

根据劳里岑–霍夫曼（Lauritzen–Hoffman）二次结晶理论[292]，可以通过等温结晶的实验数据来计算分析球晶生长的速率。球晶在某一结晶温度（T_c）的生长速率可以用以下双指数方程[式（6-2）]来进行计算。

$$G=G_0\exp\left[-\frac{U^*}{R(T_c-T_\infty)}\right]\exp\left[-\frac{K_g}{T_c\Delta Tf}\right] \tag{6-2}$$

式中，G_0为与温度无关的指前因子；第一个指数函数项为分子链的扩散过程对球晶生长速率的影响；而第二个指数项为成核过程对生长速率的影响；U^*为聚合物分子链穿越液相–晶项界面的活化能，对于等规聚丙烯，U^*=6280J/mol；R为摩尔气体常量；ΔT=（$T_m^\ominus-T_c$）是过冷度，根据文献[273, 291]，平衡熔点$T_m^\ominus$设为212.1℃；T_∞为所有分子链停止运动时的温度，$T_\infty=T_g-30$；T_g为材料的玻璃化转变温度；f为校正因子，$f=2T_c/(T_c+T_m^\ominus)$；K_g为与能量有关的成核参数，对于二次结晶或异相成核，K_g可以采用式（6-3）进行计算：

$$K_g=\frac{m\sigma\sigma_e b_0 T_m^0}{\Delta h_f\rho_c k_B} \tag{6-3}$$

式中，m为结晶区间参数，本章的结晶主要发生在Ⅲ区，m=4[293]；b_0为晶体中单分子厚度，$b_0=6.26\times10^{-10}$m；$\Delta h_f\rho_c=\Delta H_f=1.96\times10^8\,\mathrm{J/m^3}$，为单位体积的熔融焓[273]；$k_B$为玻尔兹曼常量，$1.35\times10^{-23}$J/K；$\sigma$为侧表面自由能；$\sigma_e$为端表面自由能。$\sigma$可以通过式（6-4）获得：

$$\sigma = \alpha (a_0 b_0)^{0.5} \Delta H_{\mathrm{f}} \tag{6-4}$$

式中，σ=0.1，为经验值；a_0=5.49×10^{-10}m；计算得到侧表面自由能 σ=0.0115J/m^2。因此，通过式(6-3)计算端表面自由能 σ_e。通过端表面自由能 σ_e 可以进一步计算结晶成核的链折叠功 q[式(6-5)]：

$$q = 2a_0 b_0 \sigma_{\mathrm{e}} \tag{6-5}$$

将式(6-2)取对数，可以转化为以下形式：

$$\ln G + \frac{U^*}{R(T_{\mathrm{c}} - T_{\infty})} = \ln G_0 - \frac{K_{\mathrm{g}}}{T_{\mathrm{c}}(\Delta T) f} \tag{6-6}$$

将 $\ln G + \frac{U^*}{R(T_{\mathrm{c}} - T_{\infty})}$ 对 $\frac{K_{\mathrm{g}}}{T_{\mathrm{c}}(\Delta T) f}$ 作图，见图 6-5，则可得材料的结晶参数 K_g。聚丙烯及其复合材料的 K_g 列于表 6-2，从表中可知，碳纳米管的加入减小了材料的 K_g，这是因为碳纳米管在聚丙烯中起着晶核的作用，因此减小了形成晶核所需的能量。然后通过式(6-3)及式(6-5)分别计算端自由能 σ_e 和链折叠功，计算结果见表 6-2。根据表中的计算结果可知，碳纳米管的加入降低了聚丙烯结晶时的 σ_e、q，表明其促进聚丙烯结晶时分子链的折叠，提高了聚丙烯的结晶能力。

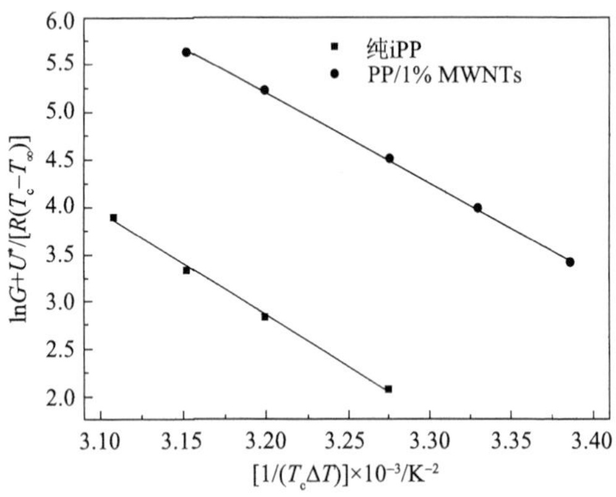

图 6-5　聚丙烯及其碳纳米管复合材料等温结晶的 Lauritzen–Hoffman 理论模型曲线

表 6-2　聚丙烯及其碳纳米管复合材料等温结晶过程中的动力学参数(K_g)、端表面自由能(σ_e)以及链折叠功(q)

样品	K_g/K^2	σ_e/(mJ/m^2)	q/J
纯 iPP	10.95×10^5	207.6	1.41×10^{-19}
PP/MWNTs	9.54×10^5	180.9	1.22×10^{-19}

6.2.2　聚丙烯/碳纳米管复合材料非等温结晶动力学

图 6-6 所示为聚丙烯及聚丙烯/1%(质量分数)改性碳纳米管复合材料的DSC非等温结晶曲线,降温速率分别为5℃/min、10℃/min、20℃/min 和 40℃/min。通过曲线得出不同降温速率条件下复合材料的结晶峰温度，列于表 6-3。从图 6-6 中曲线可以看出，碳纳米管的加入使得聚丙烯的结晶峰宽度减小，表明碳纳米管的异相成核作用使得聚丙烯的结晶完善程度差异性减小。同时聚丙烯/碳纳米管复合材料在相同降温速率下，结晶峰的位置向高温方向移动，表明复合材料的结晶可以在较高温度下进行。这是因为聚合物成核过程的温度依赖性与成核方式有关，异相成核可以在较高的温度下发生，而均相成核只有在较低的温度下才能发生。因此温度较高时，分子的热运动过于剧烈，晶核不易形成，或者生成的晶核不很稳定，容易被分子热运动所破坏。而碳纳米管的加入可以作为晶核中心，聚丙烯分子链可以吸附在其表面进行结晶，因此结晶温度提高。

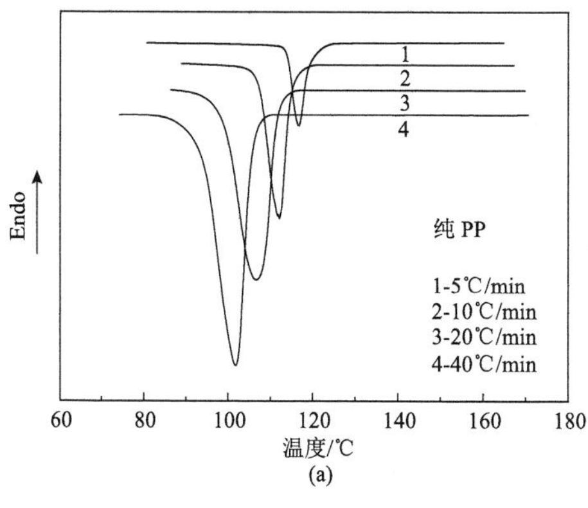

(a)

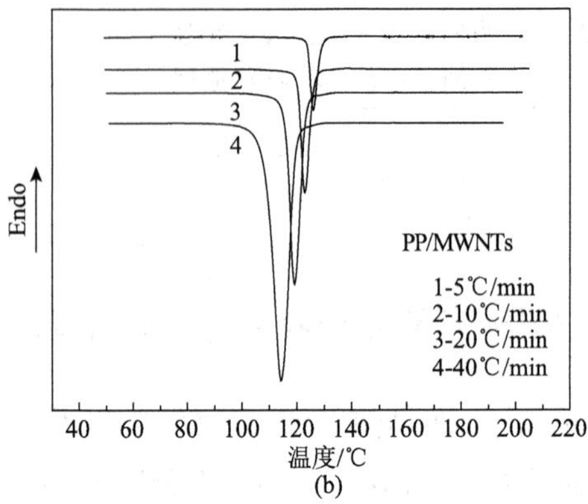

图 6-6　聚丙烯及其碳纳米管复合材料在不同降温速率下结晶的 DSC 曲线
(a)纯 PP；(b)PP/MWNTs

表 6-3　非等温结晶过程中试样的动力学参数

样品	β/(℃/min)	$t_{1/2}$/min	T_p/℃
纯 iPP	5	1.89	116.9
	10	0.93	112.4
	20	0.55	107.3
	40	0.29	102.1
PP/MWNTs	5	1.80	126.1
	10	0.90	122.9
	20	0.38	119.2
	40	0.21	114.1

为了定量描述聚丙烯及其碳纳米管复合材料的非等温结晶过程，本章通过第 4 章中所采用的 Ozawa 模型、莫志深方法来分析复合材料的非等温结晶动力学。

首先根据式(4-1)将 DSC 热焓曲线转化为相对结晶度与温度的关系曲线，见图 6-7。利用公式 $t=(T-T_0)/\beta$ 进行换算(式中，t 为结晶时间；β 为降温速率)，则可以进一步转化为相对结晶度 X_t 与结晶时间的关系，由此可知结晶一半所需的时间 $t_{1/2}$，列于表 6-3。从表中可以看出，同一相对结晶度下，聚丙烯/碳纳米管复合材料的 $t_{1/2}$ 小于纯聚丙烯，表明复合材料的结晶速率高于纯聚丙烯。

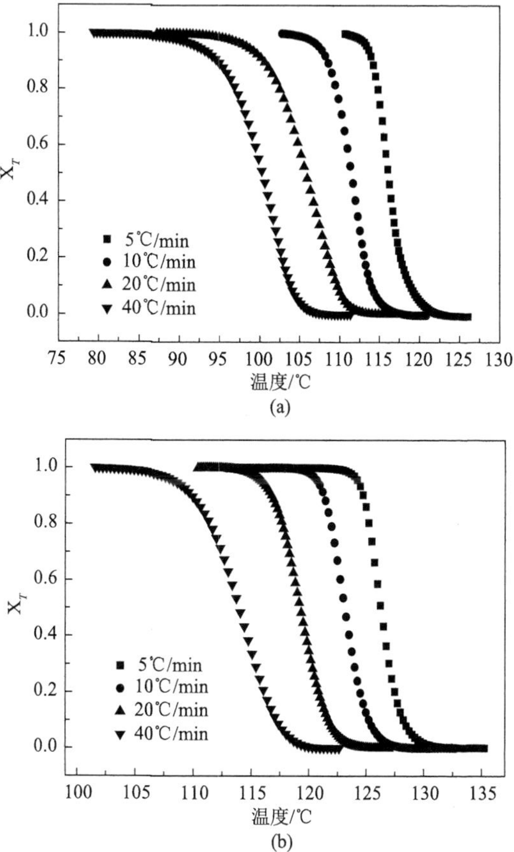

图 6-7　聚丙烯及其碳纳米管复合材料非等温结晶过程的 X_T-T 曲线

(a) 纯 iPP；(b) PP/MWNTs

如果聚丙烯及其碳纳米管复合材料的结晶动力学满足 Ozawa 模型，那么作 $\ln[-\ln(1-X_T)]$-$\ln\beta$ 曲线应该满足线性关系，从图 6-8 中可以发现，无论是纯聚丙烯还是聚丙烯/碳纳米管复合材料，根据 Ozawa 模型所作的结晶动力学曲线，线性都不明显，说明采用 Ozawa

模型不适用于描述聚丙烯/碳纳米管复合材料的非等温结晶过程。因此，本章不做关于 Ozawa 模型描述聚丙烯复合材料非等温结晶动力学的讨论。

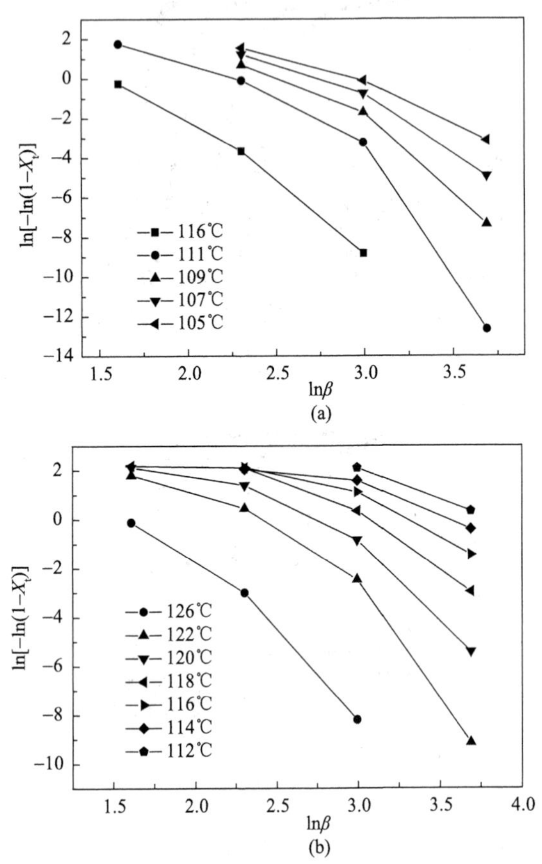

图 6-8 聚丙烯及其碳纳米管复合材料的 Ozawa 模型曲线

(a) 纯 iPP；(b) PP/MWNTs

Mo 等[263]认为对于任何体系，结晶过程与降温速率 β、结晶温度 T 和结晶时间 t 都密切相关，根据 Mo 方法，曲线 $\ln\beta$-$\ln t$ 应为直线，见图 6-9。从图中可以看出无论是空白聚丙烯还是聚丙烯/碳纳米管复合材料，根据 Mo 方法所作的 $\ln\beta$-$\ln t$ 曲线，线性关系都比较明显，而参数 $F(T)$ 和 α 可以从直线的截距和斜率中得出，列于表 6-4。对聚丙烯及其碳纳米管复合材料而言，$F(T)$ 随着相对结晶度的提高而提高，说明相对结晶度较高时，结晶速率较低。这里 $F(T)$ 主要反映了碳纳米管对聚丙烯基体结晶的促进作用，而在给定的相对结晶度 X_T 下，聚丙烯/碳纳米管复合材料的 $F(T)$ 比纯聚丙烯小，因此表明碳纳米管能提高聚丙烯的结晶速率，这个结果也与上述结晶行为的讨论相符。以上结果表明 Mo 法适合用于研究聚丙烯及其碳纳米管复合材料的非等温结晶动力学。

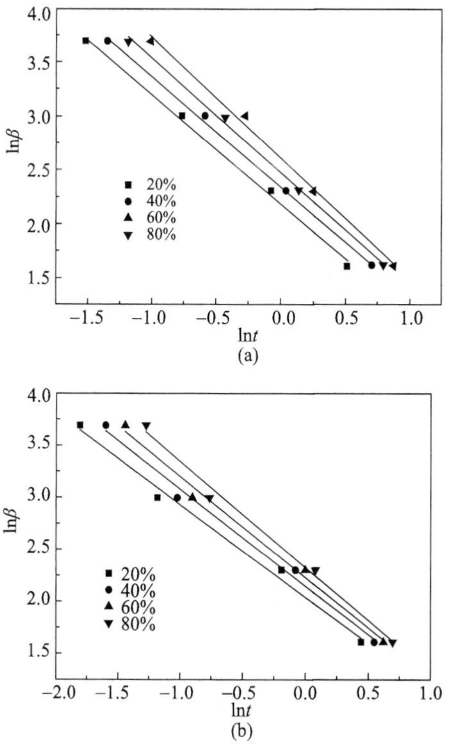

图 6-9　聚丙烯及其碳纳米管复合材料的 $\ln\beta$-$\ln t$ 曲线

(a)纯 iPP；(b)PP/MWNTs

表 6-4 基于 Mo 方法的聚丙烯及其碳纳米管复合材料动力学参数

样品	X_T/%	α	$F(T)$
纯 iPP	20	1.01	8.85
	40	1.02	10.49
	60	1.06	11.82
	80	1.12	13.60
PP/MWNTs	20	0.89	7.69
	40	0.93	8.58
	60	0.97	9.29
	80	1.02	10.27

6.2.3 成核效率

Dobreva 和 Gutzow[294,295]提出一种简单的方法用来计算杂质在聚合物熔体中的成核效率。这种方法已被用以研究二氧化硅纳米粒子填充聚萘二酸乙二醇酯复合材料[296]、表面改性滑石粉/聚丙烯复合材料[297]及聚丙烯/氮化硅纳米复合材料[256]的成核效率。三维生长的球晶成核效率 φ 随着杂质的加入而降低，杂质的成核效率越高，φ 越低。而对于活性一般的粒子，φ 介于 0～1。成核效率可以通过式(6-7)进行计算：

$$\varphi = \frac{B^{*}}{B} \tag{6-7}$$

式中，参数 B 可以通过式(6-8)进行计算：

$$B = \frac{\omega \sigma_{\mathrm{q}}{}^{3} V_{\mathrm{m}}^{2}}{3nk_{\mathrm{B}} T_{\mathrm{m}}^{\ominus} \Delta S_{\mathrm{m}}^{2}} \tag{6-8}$$

式中，ω 为几何参数；σ_{q} 为比能；V_{m} 为结晶部分的摩尔体积；n 为 Avrami 指数；ΔS_{m} 为熔融熵；$T_m^{\ominus}$ 为结晶平衡熔点。

此外，参数 B 还可以通过经验方程[式(6-9)]对 $\ln\beta$ 作过冷度平方的倒数 $1/\Delta T_{\mathrm{p}}^{2}$ 的直线，从直线的斜率中求得。其中，$\Delta T_{\mathrm{p}}=T_{\mathrm{m}}-T_{\mathrm{p}}$。

$$\ln\beta = 常数 - \frac{B}{\Delta T_{\mathrm{p}}^{2}} \tag{6-9}$$

以上方程是用来计算结晶熔点时的熔体中均相成核情况下的 B。而对于异相成核，参数 B^{*}可以通过式(6-10)进行计算：

$$\ln\beta = 常数 - \frac{B^{*}}{\Delta T_{\mathrm{p}}^{2}} \tag{6-10}$$

因此，通过作直线 $\ln\beta\text{-}1/\Delta T_{\mathrm{p}}^{2}$，即可计算聚丙烯及其碳纳米管复合材料的参数 B 和 B^{*}，见图 6-10。从图中可知，$\ln\beta\text{-}1/\Delta T_{\mathrm{p}}^{2}$ 线性较好，其拟合的相关系数均大于 0.99。从直线的斜率可以得到 B 和 B^{*}，分别为 7.474 和 6.708。根据式(6-6)可知聚丙烯/1%(质量分数)碳纳米管的成核效率为 0.89，其值低于 1，表明碳纳米管在聚丙烯基体中能够作为一种有效的成核剂。

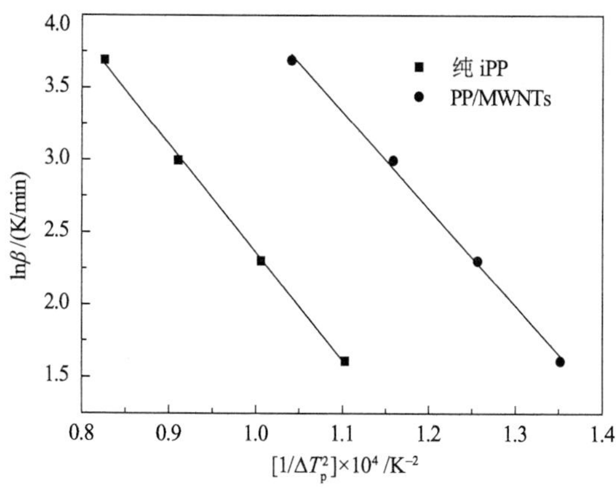

图 6-10　聚丙烯及其碳纳米管复合材料的 $\ln\beta\text{-}1/\Delta T_{\mathrm{p}}^{2}$ 曲线

6.2.4 非等温结晶的结晶活化能

根据 Friedman 方法[(4-12)]，计算聚丙烯及其复合材料的非等温结晶活化能，计算结果列于图 6-11。从图中可知，加入碳纳米管后，聚丙烯的结晶活化能稍微有所增加，而前面分析碳纳米管的加入促进聚丙烯的结晶，提高结晶速率，究其原因在于成核剂在聚丙烯中的双重作用：一方面，成核剂在聚丙烯熔体中作为异相晶核诱导分子链在其表面结晶，提高了结晶速率；另一方面，由于成核剂与高分子熔体的结合力很弱，反而阻挡了聚丙烯链段从熔体到晶体生长面的转移，这种阻碍作用导致了活化能的增加。在聚丙烯结晶过程中，成核作用占主导地位，因此总体来说，成核剂的加入提高了聚丙烯的总结晶速率和结晶温度。

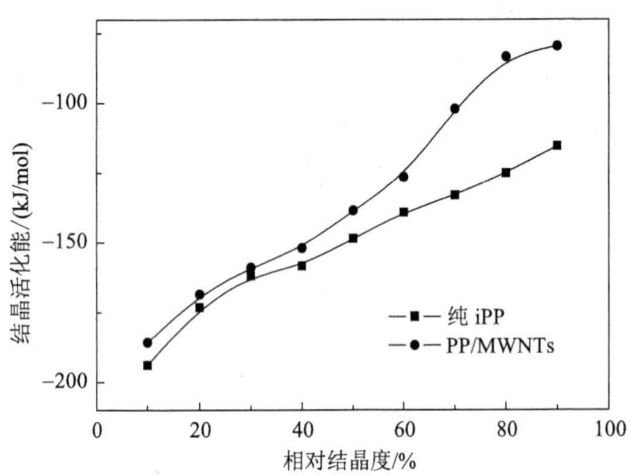

图 6-11　聚丙烯及其碳纳米管复合材料的结晶活化能

6.3 本章小结

(1) t_p 随着结晶温度的升高而增加，在结晶温度相近的情况下(123℃、125℃和 128℃)，聚丙烯/碳纳米管复合材料的 t_p 小于纯聚

丙烯的 t_p；随着结晶温度的升高，$t_{1/2}$ 增加；而结晶温度相同时，聚丙烯/碳纳米管复合材料的 $t_{1/2}$ 远小于纯聚丙烯的 $t_{1/2}$，且聚丙烯/碳纳米管复合材料的 Avrami 方程参数 Z_t 大于纯聚丙烯的 Z_t，以上结果表明碳纳米管的加入提高了聚丙烯的结晶速率。聚丙烯/碳纳米管复合材料的动力学参数(K_g)、端表面自由能(σ_e)及链折叠功(q)均低于纯聚丙烯，表明碳纳米管能促进聚丙烯结晶时分子链的折叠，提高聚丙烯的结晶能力。

(2)根据 Ozawa 模型所作的结晶动力学曲线，线性都不明显，说明采用 Ozawa 模型不适用于描述聚丙烯/碳纳米管复合材料的非等温结晶过程。采用 Mo 方法分析聚丙烯及其碳纳米管复合材料结晶动力学时，$\ln\beta$-$\ln t$ 曲线线性关系都比较明显，且在给定的相对结晶度 X_T 下，聚丙烯/碳纳米管复合材料的 $F(T)$ 比纯聚丙烯小，表明碳纳米管能提高聚丙烯的结晶速率。

(3)聚丙烯/1%(质量分数)碳纳米管的成核效率为 0.89，其值低于 1，表明碳纳米管在聚丙烯基体中能够作为一种有效的成核剂；加入碳纳米管后，聚丙烯的结晶活化能稍微有所增加，而前面分析碳纳米管的加入促进聚丙烯的结晶，提高结晶速率，究其原因在于成核剂在聚丙烯中的双重作用。

第 7 章　等规聚丙烯非等温结晶动力学参数的预测

7.1　引　　言

高聚物的结晶是一个复杂的过程，一直是高分子物理和聚合物加工领域的研究重点。聚合物结晶动力学是研究不同条件下聚合物的宏观结晶与结构参数随时间的变化规律，关注成核速度和晶体生长速度，以及结晶度随时间的变化规律，进而得到不同加工条件下结晶诱导时间、半结晶时间和结晶度等物性参数的课题。研究聚合物结晶动力学的方法可分为等温和非等温两大类，但等温结晶不如非等温结晶更接近实际应用过程，同时，从非等温结晶峰中可以获得更多关于聚合物结晶的信息。因此，对聚合物非等温结晶行为的研究，无论从实际应用还是从理论研究的角度考虑都有更为重要的意义[298]。

目前，研究高聚物非等温结晶动力学的方法主要有差示扫描量热法(DSC)、热台偏光显微镜法、解偏振光强度法、膨胀计法等。但是，用这些方法测量高聚物非等温结晶过程时，对实验过程中的诸多影响因素无法控制或无法全面控制[222]。而通过计算则可以对实际问题进行模拟，对实验中的诸多因素分别进行控制，找出影响理论与实验偏离的主要因素，或者达到实验难以达到的某些极限条件。建立合理的数学模型，采用计算机模拟结晶过程可以对结晶的成核及晶核数目随时间的变化进行追踪，探讨更深入的影响结晶过程的因素。因此，计算机模拟已逐渐成为研究结晶动力学的一种有效的途径。然而，结晶动力学模拟研究很少考虑结晶诱导时间的影响，使得模拟不能准确预测结晶的开始，导致模拟结果与实验数据产生偏差。Patel 和 Spruiell[299]提出传统模型不能准确预测结晶动力学，主要是因为忽略了结晶诱导效应。结晶诱导时间是指从结晶实验开始到第一个晶核生成的这段时期。Mubarak 等[300]通过实验证明了未考虑结晶诱导时间的结晶动力学模型无法定量地预测结晶动力学。

本章基于 Sifleet 等[301]提出的理论，将等规聚丙烯非等温结晶过程视为有限个等温结晶过程的组合，每个等温过程都遵循成核-生长的方式进行，结晶总速率由成核和生长速率决定，聚合物的成核为一个逐步过程；将结晶诱导效应引入成核的模型中，模拟等规聚丙烯非等温结晶动力学过程，获取非等温结晶动力学参数，并与实际情况进行对比。

7.2 理论部分

聚合物结晶是相变过程，相变动力学理论是由 Kolmogoroff[302]、Johnson 和 Mehl、Avrami 和 Evans 先后独立提出的[303]。由于 Avrami 方程用在聚合物结晶动力学上颇有成效，而常被用于描述聚合物结晶。然而，Avrami 的结晶动力学是基于等温结晶过程建立的，其对非等温结晶过程的描述并不合适。因此，许多学者纷纷对其提出了修改。Nakamura 等[304]假设结晶过程中成核与生长过程对温度具有相同的依赖性，而晶核数目与温度无关，基于等动力学对 Avrami 方程进行修正，表达式为

$$X(t) = 1 - \exp\left\{-\left[\int_0^t K(T)\mathrm{d}t\right]^n\right\} \tag{7-1}$$

式中，$K(T)$ 与等温结晶过程的结晶速率常数 Z_t 有关[参见式(4-6)]，$K(T)=Z_t^{1/n}$。该模型是在较小温度范围内(127～117℃)，结晶速率不

高于 0.5℃/min 的条件下测试获得的。因此，该方程具有一定的局限性，同时该方程表明结晶时内部晶核的数量与温度无关，显然无法进一步描述结晶过程中结晶内部晶核的具体细节。

考虑测试样品与差示热扫描仪(DSC)的加热炉之间的温度滞后效应及非等温诱导时间，Chan 和 Isayev[305]将 Nakamura 方程求微分后对聚对苯二甲酸乙二酯在 2～40℃/min 下的非等温结晶数据进行分析。

$$\frac{\mathrm{d}X}{\mathrm{d}t} = nK(T)(1-X)[-\ln(1-X)]^{(n-1)/n} \tag{7-2}$$

$$K(T) = k(T)^{1/n} = (\ln 2)^{1/n}(1/t_{1/2}) \tag{7-3}$$

$$(1/t_{1/2}) = (1/t_{1/2})_0 \exp(\frac{-U^*}{R(T-T_\infty)})\exp(-\frac{K_g}{T\Delta Tf}) \tag{7-4}$$

式中，T 为结晶温度；$t_{1/2}$ 为半结晶期；$(t_{1/2})_0$ 为与温度无关的指前因子；$\Delta T= T_m^\ominus - T$ 为过冷度，$T_m^\ominus$ 表示平衡熔点，为 483K；f=$2T/(T+T_m^\ominus)$为熔融潜热校正因数；T_∞=T_g–30K，T_g 为材料的玻璃化转变温度，T_∞为大分子链不再运动的温度；R 为摩尔气体常量；U^*为聚合物的分子活化能；K_g 为成核指数。

根据以上方程计算不同降温/升温速率条件下的非等温结晶过程的相对结晶度，计算结果表明引入结晶诱导时间的模型预测值，可以很好地与实验值吻合。

对于等温结晶过程，结晶诱导时间 t_i 可以通过不同结晶温度下的 DSC 测试获得，然后作图，根据式(7-5)进行回归[306]：

$$t_i = t_m(T_m - T)^{-a} \tag{7-5}$$

式中，t_m 和 α 为材料参数，与温度无关，t_m=3.0339×10^{22}min/K^α，α=11.965[300]；T_m 为结晶实验试样开始冷却的温度。根据式(7-5)可

知，结晶温度越高，结晶诱导时间越长，这是因为温度较高时，聚合物分子链运动剧烈，难以堆砌而形成晶核，分子链从熔体扩散到晶液界面所需的能量较高，因此较难形成晶核。

而非等温过程中的诱导时间 t_{I} 则定义为

$$t_{\mathrm{I}} = \frac{T_{\mathrm{m}} - T_{\mathrm{s}}}{\phi} \tag{7-6}$$

式中，T_{s} 为结晶峰开始出现时的温度，根据 Isayev 等[307]提出的方法，非等温结晶诱导时间可以通过以下方程来表示：

$$\sum_{0}^{t_{\mathrm{I}}} \frac{1}{t_{\mathrm{m}}(T_{\mathrm{m}} - T)^{-a}} \Delta t = 1 \tag{7-7a}$$

或

$$\sum_{T_0}^{T_{\mathrm{S}}} \frac{1}{t_{\mathrm{m}}(T_{\mathrm{m}} - T)^{-a}} \frac{\Delta T}{\phi} = 1 \tag{7-7b}$$

在已知材料参数 t_{m} 和 α 的情况下，便可以计算任意非等温条件下的诱导时间。

一般情况下，聚合物在静态下的结晶过程与小分子类似，可视为两个过程的累加，一是通过时间及结晶在材料中的位置来描述的成核过程，二是晶核生长过程。因此可以将结晶划分为成核和生长两个阶段，而结晶速率就应该包括成核速率、晶核生长速率和由它们共同决定的结晶总速率。因此，需要分别对成核与生长建立模型。根据 Kim 等[308]和 Angelloz 等[309]的研究结果，静态结晶条件下，对特定材料的成核过程与结晶的过冷度满足式(7-8)：

$$\ln N_{\mathrm{q}} = b\Delta T + c \tag{7-8}$$

式中，b 和 c 为材料常数，根据 Koscher 等[310]的研究，b 和 c 分别

为 1.56×10^{-1} 和 1.51×10^{1}，单位为 m^{-3}。因此，根据该方程可以得到不同结晶温度下的成核数目。对晶核生长的速率，通常可以用 Hoffman-Lauritzen[278]理论来描述：

$$G(T)=G_0\exp(-\frac{U^*}{R(T-T_\infty)})\exp(-\frac{K_g}{T\Delta T}) \tag{7-9}$$

式中，G_0 为除温度外其他影响结晶的因素参考因子。一般情况下，聚合物从静态熔体中结晶，其晶体的生长机理可以视为球晶形态的决定性因素，并且球晶的生长速率与球晶本身的半径无关，主要取决于结晶温度，这与 Hoffman-Lauritzen 理论描述相符。本模拟所采用的参数 $G_0=2.83\times10^{2}$m/s[310]，$U^*=6270$J/mol[310]，$T_g=270$K[311]，$K_g=5.5\times10^{5}K^2$[310]。

结晶度是衡量聚合物结晶能力的一个重要指标，聚合物的结晶度与高分子链自身结构的规整性、成型加工温度及分子量有关。通常聚合物结晶是不完全的，总是同时包括晶区和非晶区两部分，为了对这种状态作定量的描述提出了结晶的概念。样品中结晶部分所占的质量分数称为绝对结晶度，通常以质量分数或体积分数来表示，而相对结晶度表示绝对结晶度的完成程度。在静态结晶过程中，Kolmogorov 提出基于形态学的相对结晶度计算公式：

$$\alpha(t)=1-\exp[-\alpha_f(t)] \tag{7-10}$$

其中，

$$\alpha_f(t)=C_m\int_0^t\dot{N}(t)\left[\int_s^t G(u)\mathrm{d}u\right]^M\mathrm{d}s \tag{7-11}$$

式中，M 为常数，用来表示结晶生长的维数；C_m 为形状参数；$N(t)$ 为结晶过程中晶核数目增加的速率；$G(t)$ 为结晶过程中晶核的生长速率。一般情况下，对于球晶的三维生长，$M=3$，$C_m=4\pi/3$，显然，式(7-11)表示结晶过程中所有球晶的体积之和。因此，在已知单位体积内晶核数目的条件下，由式(7-10)可以描述结晶的演化，确定球晶的生长情况。

7.3　模 拟 方 法

本章的非等温结晶动力学模拟是基于非等温结晶过程的有限个等温结晶过程的组合，并且引入结晶诱导时间，将结晶过程中的成核视为逐步成核的过程。模拟过程将时间离散，每个离散的时间内的模拟都视为一个等效的等温过程，结晶开始的温度 T_m 设为 473K，而第 i 个结晶过程的结晶温度则为

$$T_i = T_m - \phi(i-1)\Delta\tau \tag{7-12}$$

本章将离散时间 $\Delta\tau$ 设为 1s，这就表示每个等温过程持续的时间为 1s。

第一个等温结晶过程的结晶温度即为 T_1=473K，在这个过程中，晶核生成的数目 N_1 按照式(7-8)计算得

$$N_1 = \exp(b\Delta T_1 + c) \tag{7-13}$$

而由于结晶诱导时间，该等温结晶过程所激活的晶核数目 N_1 并未立刻生长，而是等该过程的结晶诱导时间结束后才开始生长。该阶段的结晶诱导时间通过式(7-14)进行计算：

$$\sum_{0}^{t_{\mathrm{I}_i}} \frac{1}{t_m (T_m - T)^{-a}} \Delta\tau \tag{7-14}$$

当上述方程的值达到 1 时，累加和的上下限之差为该等温结晶过程的结晶诱导时间，而当试样从最高温度 T_m 开始冷却结晶的时间记为结晶开始的时间，当时间为 t_{I_1} 时，该过程所激活的晶核开始生

长，而在结晶过程中某一时刻，该等温过程所激活的晶核半径则根据 Hoffman-Lauritzen 理论计算：

$$R_1 = \sum_{t_{I_1}}^{n\times\Delta t} G(T_i)\cdot\Delta t \tag{7-15}$$

式中，$G(T_i)$为在温度为 T_i 时的晶核生长速率。

对于第二个等温结晶过程，其结晶温度 $T_2= T_m-\Phi\Delta\tau$，该等温过程所激活的晶核数目 N_2 为

$$N_2 = \exp(b\Delta T_2 + c) - \exp(b\Delta T_1 + c) \tag{7-16}$$

该过程的结晶诱导时间通过式(7-17)进行计算。

$$\sum_{\Delta\tau}^{t_{I_2}} \frac{1}{t_m(T_m - T)^{-a}}\Delta\tau \tag{7-17}$$

当式(7-17)的值为 1 时，累加和的上下限之差即为该等温过程的诱导时间，而当结晶过程中的时间为t_{I_2}时，第二个等温过程所激活的晶核开始生长，而这些球晶的尺寸通过式(7-18)进行计算：

$$R_2 = \sum_{t_{I_2}}^{n\times\Delta t} G(T_i)\cdot\Delta t \tag{7-18}$$

对于第 i 个等温结晶过程，其结晶温度 $T_i = T_m-\Phi(i-1)\Delta\tau$，该等温过程所激活的晶核数目 N_i 通过式(7-19)计算：

$$N_i = \exp(b\Delta T_i + c) - \exp(b\Delta T_{i-1} + c) \tag{7-19}$$

该过程的结晶诱导时间通过式(7-20)进行计算：

$$\sum_{(i-1)\Delta\tau}^{t_{I_i}} \frac{1}{t_m(T_m - T)^{-a}}\Delta\tau \tag{7-20}$$

当式(7-20)的值为 1 时，累加和的上下限之差即为该等温过程的诱导时间，而当结晶过程中的时间为 t_{I_i} 时，第 i 个等温结晶过程所激活的晶核开始生长，而这些球晶的尺寸通过下式进行计算：

$$R_i = \sum_{t_{\mathrm{I}_i}}^{n\times\Delta t} G(T_i)\cdot\Delta t \tag{7-21}$$

最后，根据 Kolmogorov 方程计算聚丙烯非等温结晶过程的相对结晶度，而基于其物理意义，$\alpha_{\mathrm{f}}(t)$ 可以表达为

$$a_{\mathrm{f}}(t) = \sum_{1}^{j} N_i \cdot \frac{4}{3}(R_i)^3 \tag{7-22}$$

对于第 j 个等温结晶过程，其激活的晶核 N_j 开始生长的时间为 $(n-1)\Delta\tau$，因此，在计算该时刻 $n\Delta\tau$ 的相对结晶度时，第 j 个等温结晶过程表示最后一个其所激活的晶核在 $n\Delta\tau$ 前开始生长的阶段。此时相对结晶度为

$$\alpha(t) = 1-\exp[-\sum_{1}^{j} N_i \cdot \frac{4}{3}(R_i)^3] \tag{7-23}$$

7.4　结晶动力学参数

本章所用等规聚丙烯(iPP)由福建省泉州炼油化工有限公司提供，型号 T30S；为了对比理论预测与实验结果，iPP 的非等温结晶过程采用 Diamond DSC 差示扫描量热仪进行分析，气氛为氮气，样品质量 4～10mg，由室温迅速加热至 200℃，使试样全熔，保持 5min 以消除热历史，接着以 2.5℃/min、5℃/min、10℃/min、20℃/min 和 40℃/min 的速率降至室温，记录该过程的热焓变化曲线，见图 7-1。为表征结晶开始，DSC 曲线上开始偏离基线的温度标记为结晶开始时的温度。

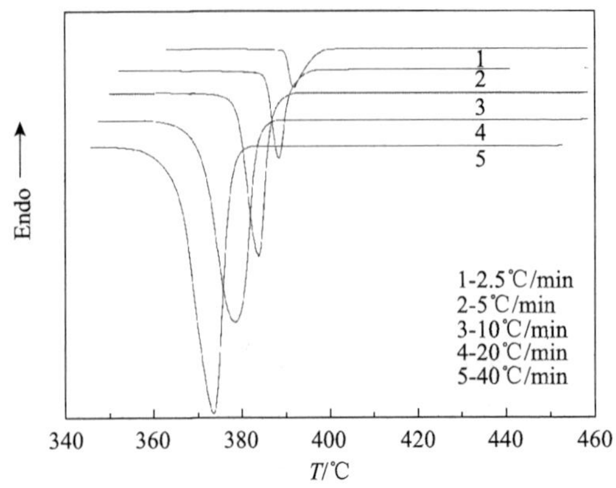

图 7-1　iPP 在不同降温速率时的 DSC 曲线

差示扫描量热仪(DSC)是一种常用于测试聚合物结晶过程的重要仪器,然而通过 DSC 无法获得结晶过程中的晶粒尺寸及晶核数目的演化情况，同时，由于测试样品与加热炉之间的热延迟，其在测量高降温速率时的非等温结晶过程会产生误差，而计算机模拟可以通过对实际问题进行模拟，对过程的因素进行控制，从而追踪影响因素的影响过程，如对于结晶模拟，可以获取晶核数目及晶粒尺寸随时间的变化情况。因此，建立合理的数学模型进行计算模拟，对于实验测试是一种有效的补充途径。

7.4.1　非等温结晶动力学参数

根据式(7-23)计算得出的聚丙烯非等温结晶过程的相对结晶度与时间的关系列于图 7-2 中，从图中可以看出，当降温速率较小，为 2.5℃/min、5℃/min 和 10℃/min 时，模拟得出的结果与实际 DSC 数据较为吻合，而当降温速率升高时，DSC 测试分析得到的非等温结晶过程滞后于模拟预测的非等温结晶过程,尤其是在结晶的后期,这可能是因为 DSC 测试过程中试样与仪器电炉之间的热滞后效应,

Mubarak 等[300]认为由于此效应非等温结晶测试过程的试样温度需要通过下式进行校正：

$$T_{实际} = T_{显示} + 0.089\Phi \tag{7-24}$$

式中，$T_{实际}$为试样的实际温度；$T_{显示}$为仪器的显示温度。

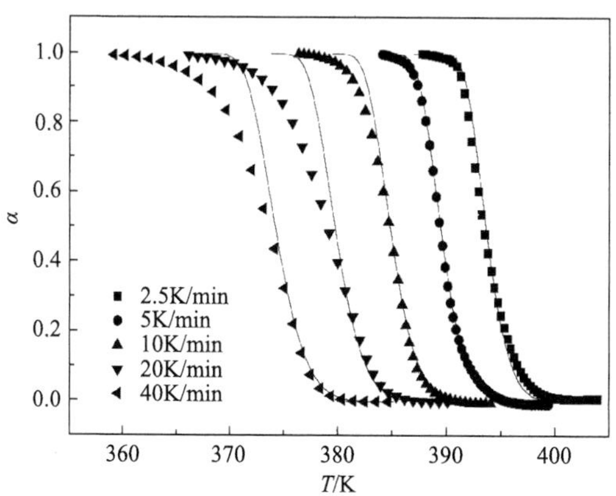

图 7-2　不同结晶速率下聚丙烯相对结晶度与结晶温度的关系（实线部分为模拟数据）

从表达式中可以看出，由于试样与仪器电炉之间的热滞后效应而产生的温度差随着降温速率的增加而增大。通过模拟得出的非等温结晶过程的动力学参数，结晶峰温度（T_p）、半结晶期（$t_{1/2}$）、结晶起始温度（T_0）和结晶诱导时间 t_{id} 列于表 7-1 中。从表中可以看出，预测值与实验值较为吻合。说明模拟过程合理并能够获得较为准确的动力学参数。

表 7-1　聚丙烯非等温结晶动力学参数

降温速率/(℃/min)	参数	实验值	模拟值
2.5	$t_{1/2}$/min	4.22	3.86
	T_p/℃	393.2	393.0
	T_0/℃	402.5	402.1
	t_{id}/s	1692	1701

续表

降温速率/(℃/min)	参数	实验值	模拟值
5	$t_{1/2}$/min	1.89	1.77
	T_p/℃	389.1	388.83
	T_0/℃	399.2	398.2
	t_{id}/s	885	898
10	$t_{1/2}$/min	0.93	0.94
	T_p/℃	385.2	384.17
	T_0/℃	393.9	394.0
	t_{id}/s	475	474
20	$t_{1/2}$/min	0.55	0.50
	T_p/℃	379.8	379.17
	T_0/℃	389.9	389.7
	t_{id}/s	249	250
40	$t_{1/2}$/min	0.29	0.27
	T_p/℃	375.0	373.67
	T_0/℃	384.5	385.0
	t_{id}/s	133	132

从模拟的过程可以看出，虽然聚丙烯的非等温结晶都是从T_m=200℃时开始降温，但是由于结晶诱导期随降温速率的变化而变化，从而造成了结晶开始的时间不同，根据温度与时间的关系，计算出来的结晶起始温度也不同。根据本章模拟计算的原理，前面几个等温结晶过程所激活的晶核最早开始生长，因此，整个非等温结晶过程的结晶诱导时间为第一个等温结晶过程的结晶诱导时间。将非等温结晶过程视为有限个等温结晶过程的组合，而每个等温过程都具有其各自的结晶诱导时间，结合式(7-5)和式[7-7(b)]可知，随着温度的升高，结晶诱导时间减少，因此，在后面的等温结晶过程所激活的晶核会在更短的时间内开始生长。而从表 7-1 中可知，结晶诱导时间随着降温速率的增加而减小，这主要是因为降温速率的

提高，使结晶更快速地降温，而温度较低成核的动力则较高，使得晶核在较短的时间内出现并生长[312]。

7.4.2 结晶活化能

聚合物的结晶通常由两个因素决定，一是与晶体单元在晶液相中的穿越有关的活化能；二是与成核所需的自由能位垒有关的静态因素。研究结晶活化能可以从本质上了解结晶速度的快慢，根据 Vyazovkin[267,268]提出的方法对比了模拟与实验所得到的结晶活化能，从而得到不同相对结晶度下的结晶活化能曲线，见图 7-3。从图中可以看出，当相对结晶度较低时，模拟得出的活化能与实验数据较为吻合，而当相对结晶度较高时，模拟得出的活化能较低，表明结晶后期聚丙烯的结晶较模型描述的复杂。

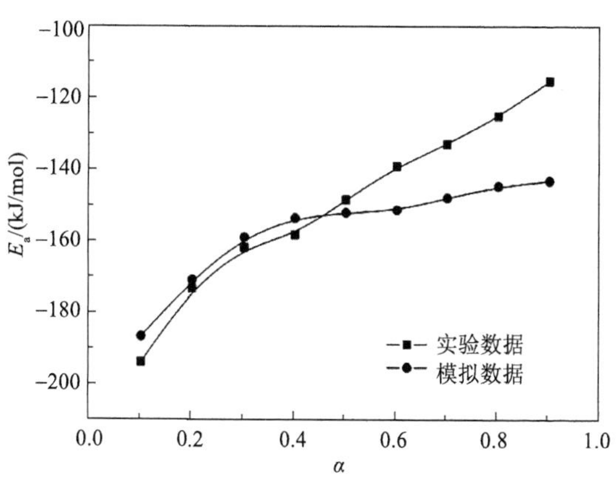

图 7-3　结晶活化能与相对结晶度的关系

7.4.3 球晶尺寸

大部分由聚合物熔体和浓溶液生成的结晶形态都是球晶。结晶聚合物材料的实际使用性能(如光学透明性、冲击强度等)与材料内部的结晶形态、晶粒大小及完善程度有着密切的联系，如较小的球晶可以提高冲击强度及断裂伸长率。例如，球晶尺寸对于聚合物材料的透明度影响更为显著，由于聚合物晶区的折光指数大于非晶区，因此球晶的存在将产生光的散射而使透明度下降，球晶越小则透明度越高，当球晶尺寸小到与光的波长相当时可以得到透明的材料。因此，对于聚合物球晶的形态与尺寸等的研究具有重要的理论和实际意义。对于大部分半结晶性聚合物，晶体尺寸与结晶温度有很大关系，温度高或降温速率小有利于形成大的球晶尺寸。因此，聚合物加工过程中，降温速率同样对于半结晶性聚合物的晶体形态具有重要的影响[313]。本章计算了结晶过程中的球晶尺寸，考察了球晶的平均半径（$\bar{d}$）及最大半径（d_{max}）与降温速率的关系，列于表 7-2。从表中可以看出 $\bar{d}$ 和 d_{max} 都随着降温速率的增加而减小，这与 Sun 等[314]和 Tai 等[315]的研究结果一致。而且，$\bar{d}$ 和 d_{max} 的比值降低，表明降温速率较小时，球晶尺寸分布更为均一。

表 7-2　不同降温速率下的球晶尺寸 d_{max} 和 $\bar{d}$

降温速率/(℃/min)	d_{max}/μm	$\bar{d}$ /μm
2.5	237.75	111.90
5	195.82	87.52
10	157.91	66.27
20	124.67	48.85
40	94.38	34.31

7.4.4　晶核密度

与等温结晶过程相比，非等温结晶的成核过程更为复杂，难以直接通过实验观测得到。基于通过 Koscher 和 Fulchiron[310]观察得到在不同温度下的晶核密度，回归得到的晶核密度参数，进而可推导出在不同降温速率时非等温结晶过程的晶核密度随时间的变化。晶核密度较大时，生长到一定程度时多个球晶互相碰撞，阻碍了球晶的进一步发展，从而形成形状不规则的多面体。因此，晶核密度对聚合物结晶形态具有决定性的意义。

根据前面所提到的模拟思想，在某一时刻出现的晶核数目为已经完成结晶诱导时间的等温结晶过程所激活的晶核数目总和。图7-4列出了不同降温速率下聚丙烯非等温结晶过程球晶数目随时间的演变过程。从图中可以看出，结晶初期，球晶数目随时间快速增加，而结晶一段时间后，晶核数目的增加速率减慢。球晶数目随降温速率的增加而增加，这是因为降温速率增加，过冷度增加，能够产生较大的球晶生成的驱动力，使得球晶生长的速率增加。结晶完成时，不同降温速率2.5℃/min、5℃/min、10℃/min、20℃/min和40℃/min时的晶核数目分别为$7.655\times10^{12}m^{-3}$、$1.515\times10^{13}m^{-3}$、$3.3481\times10^{13}m^{-3}$、$8.1043\times10^{13}m^{-3}$和$2.1208\times10^{14}m^{-3}$。

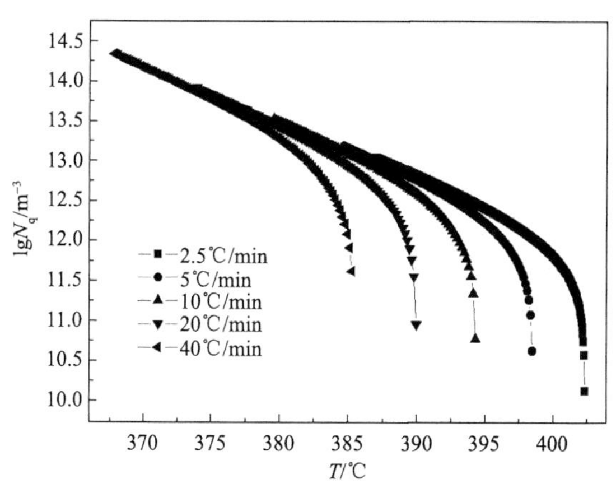

图7-4　聚丙烯非等温结晶过程中晶核密度的变化

7.5　本章小结

(1)将非等温结晶过程视为有限个等温结晶过程的组合，将结晶划分为成核与生长两个阶段，进行计算模拟。通过模拟得到的聚丙烯非等温结晶过程的动力学数据在低降温速率 2.5℃/min、5℃/min 和 10℃/min 时很好地与实验数据吻合；而由于试样与 DSC 加热炉之间的热滞后效应，在高降温速率 20℃/min 和 40℃/min 时，实验数据滞后于预测值；嵌入结晶诱导时间效应后，预测得到的动力学参数与实验数据吻合，证明该模拟的合理性。

(2) 实验得到的活化能在结晶后期增加速率明显大于模拟得到的值，表明结晶后期较模拟描述的动力学过程复杂；模拟同样可以获得结晶过程中球晶尺寸大小与数目，并且表明在较低降温速率时，聚丙烯的球晶尺寸分布较为均一；晶核尺寸随降温速率的升高而增加，不同降温速率 2.5℃/min、5℃/min、10℃/min、20℃/min 和 40℃/min 时的晶核数目分别为 $7.655\times10^{12}m^{-3}$、$1.515\times10^{13}m^{-3}$、$3.3481\times10^{13}m^{-3}$、$8.1043\times10^{13}m^{-3}$ 和 $2.1208\times10^{14}m^{-3}$。

第 8 章　聚丙烯/多壁碳纳米管复合材料的动态流变性能

8.1　引　　言

聚合物的成型过程都是在聚合物材料处于熔体状态下进行的。熔体受力作用，表现出流动和变形，这种流动和变形行为(黏弹性)强烈地依赖于材料结构和外在条件，聚合物的这种性质称为流变行为。因此，流变性能是聚合物加工过程的一个重要因素。在聚合物基体中加入无机纳米粒子，不仅改变材料的力学性能，而且对材料的流变性能产生较大的影响，而材料流变性能的改变，将直接影响材料的成型加工性能及最终制品的质量。因此，研究聚合物复合材料的流变行为有助于了解其结构与成型加工条件[316]。流变性能测量时，根据物料的形变历史，可以分为稳态流变实验、动态流变实验和瞬态流变实验。通常，动态流变性能通过旋转流变仪以小振幅振荡剪切方式进行测定，其过程不会对复合材料本身的结构造成影响或破坏，且高分子所呈现的黏弹性对形态的变化十分敏感[317]。因此，可用动态流变方法研究多相、多组分聚合物体系的黏弹性，表征复合材料的熔体强度和动态黏度[318-321]。

聚合物加工模型的建立及对加工实验的分析通常需要的不是容易通过实验测量获得的动态模量 G'和 G''，而是不能由线性黏弹性实验的应力-应变数据中直接获得的松弛时间谱 $H(\lambda)$或推迟时间谱。松弛时间谱是描述聚合物熔体黏弹性质的重要参数，材料的全部特性都表现在松弛时间各不相同的运动模式的贡献中，而各种实验测量的材料函数都基于同一松弛时间谱，因此松弛时间谱无疑成为全部黏弹性函数的核心[322]。由于高分子链结构的多样性，不同材料会表现出完全不同的松弛时间谱分布。因此获得材料可靠、准确的松弛时间谱对于材料的流变学表征和研究具有重要的意义。

本章采用旋转流变仪研究碳纳米管增强聚丙烯复合材料熔体的动态流变行为，探讨剪切频率、碳纳米管含量等因素对聚丙烯熔体的损耗模量、储存模量、动态黏度、损耗角、蛇形时间及屈服应力的影响，研究结果对复合材料的成型加工及产品性能的改进有一定的指导意义。将实验得到的储能模量和耗能模量数据，通过智能微粒群算法计算熔体的离散松弛时间谱，并与传统方法进行比较，探讨不同计算条件对松弛时间谱的影响。

8.2　聚丙烯/多壁碳纳米管复合材料的性能表征

采用 AR-2000 型（美国 TA 公司）旋转流变仪，将样品压制成直径为 25mm、厚度为 1mm 的圆板，测试频率为 0.1～100rad/s，为确保测试在线性黏弹性区域进行，先对试样进行应变扫描，根据测试结果，选择处于线性黏弹范围的应变 5%进行频率扫描。测试温度为 200℃，表征物理量分别是储能模量 G'(Pa)、损耗模量 G''(Pa)和复合黏度 η^*(Pa·s)。

8.2.1　聚丙烯/多壁碳纳米管复合材料的动态流变性能表征

进行动态流变测量时，可以同时获得有关材料黏性行为和弹性行为的信息，即同时研究黏性和弹性。而动态黏弹性与材料的稳态黏弹性之间有一定的关系，通过测量，可以得出两类材料性质之间的联系。同时，动态测量还可以根据时-温等效原理，实现将不同频率与不同温度下测得的材料性质进行换算。

储能模量(G')和损耗模量(G'')是表征聚合物熔体在剪切流动中

黏弹特性的重要参数。储能模量代表流体的弹性分量，反映应变作用下能量在熔体中的储存状况。损耗模量是表征聚合物熔体形变过程中所消耗的能量，损耗越高，熔体黏性形变的阻力越大，消耗的能量越多。G'和 G''具有十分敏感的形态结构依赖性，因此是反映聚合物内部结构和形态(包括相行为)的重要信息。由于聚合物熔体的黏弹特性，在流动中既表现出具有可以恢复的弹性形变，又表现出随时间而发展的不可逆的黏性形变，对于这种黏弹性体，可以用黏度来衡量其黏性的大小，而动态黏度(η^*)就是熔体在交变应力作用下的黏度。图 8-1～图 8-4 为聚丙烯及其碳纳米管复合材料的动态流变曲线。

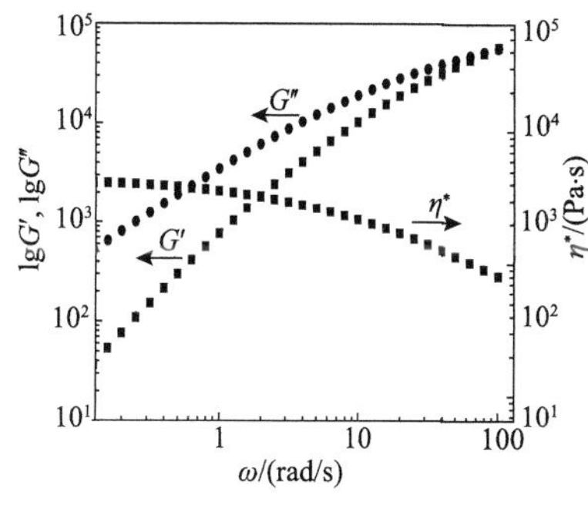

图 8-1　纯聚丙烯的动态流变曲线

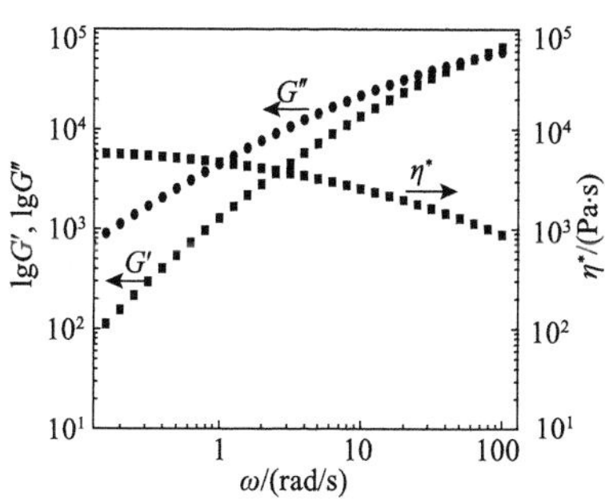

图 8-2　聚丙烯/1%(质量分数)碳纳米管复合材料的动态流变曲线

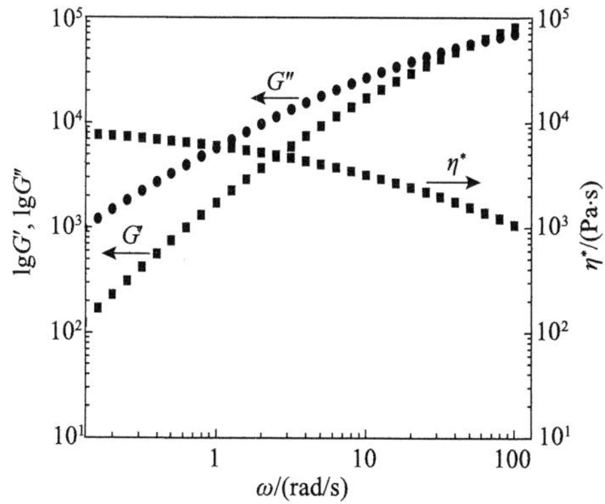

图 8-3　聚丙烯/0.2%(质量分数)碳纳米管复合材料的动态流变曲线

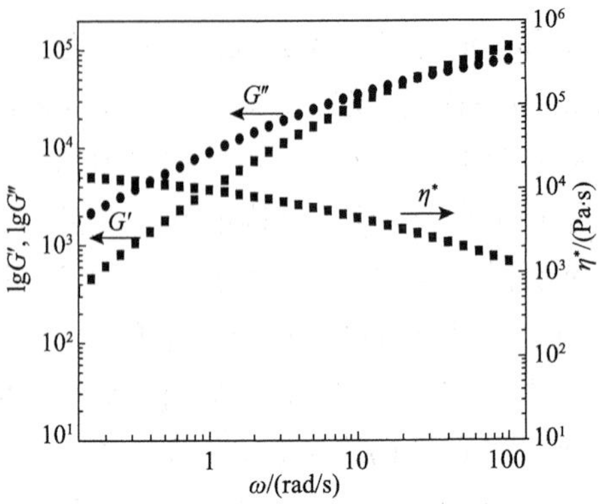

图 8-4　聚丙烯/0.3%(质量分数)碳纳米管复合材料的动态流变曲线

从曲线中可以发现，聚丙烯及其复合材料的 G'都随着扫描频率(ω)的增加而增加，这是因为在低频区外力作用的周期超过聚丙烯分子链的松弛时间，分子链有足够的时间发生重排，克服分子间的引力需要较少外力的功，表现出低模量；当频率变大时，在非常短的时间范围内，分子链来不及重排取向，对外部应力的响应通过改变分子键的长短来实现，这种变形需要比较高的能量，因此，模量增加。聚丙烯及其复合材料的 G''同样也随着扫描频率的增加而增加。损耗模量是内摩擦的反映，外力交变作用频率增加，分子链发生取向及解取向的次数增加，因此分子链需要克服摩擦而消耗的功增加。扫描频率增加，平行板旋转的周期变短，相对而言运动速度就加快，相当于剪切速率提高。而剪切速率增加，黏度降低，这是因为在流动过程中分子链构象发生变化，分子链一面滑动、取向，一面松弛收缩，这两方面都要受到阻力。当剪切速率增大时，流动时间比松弛时间短，分子链来不及松弛，从而减小了由收缩所产生的阻力，因此，黏度降低。

在研究的频率范围内，聚丙烯及其复合材料的储能模量 G'及损耗模量 G''均出现了一个交点，将这个交点的纵坐标称为 G^*，而横坐标称为 ω^*，根据 Doi-Edwards 的理论[323]，ω^*的倒数是 τ_r(蛇形时间)。τ_r 即相应于聚合物链段最长松弛时间的蛇形时间，它正比于单体摩擦系数，也与分子质量有一定的关系[324]。表 8-1 给出了复合材料的蛇形时间，从表中可以得知，随着碳纳米管含量的增加，复合材料的蛇形时间增加，即材料的链段最长松弛时间增加。

表 8-1　聚丙烯及其纳米复合材料的蛇形时间(200℃)

碳纳米含量(质量分数)/%	G^*/Pa	ω^*/(rad/s)	τ_r/s
0	54409	91.15	0.01097
1	51077	64.64	0.01547
2	57380	55.14	0.01814
3	51531	25.21	0.03967

碳纳米管含量(φ)对复合材料储能模量、损耗模量及复数黏度的影响见图 8-5～图 8-7。由图 8-5 可知，加入碳纳米管后，复合材料的 G'增加，并且随着 φ 的增大而增加。这是因为随着碳纳米管的加入，由于其较大的长径比，限制了大分子链的活动空间，使聚丙烯分子链段的运动受阻，松弛时间延长，熔体的弹性形变松弛效应减弱，故 G'增大。同时还可以观察到，频率较低时，G'对 φ 的依赖比较强。从图 8-6 可知，复合材料的 G''同样随着 φ 的增大而增加，这是因为聚丙烯分子链长程运动过程中由于发生与碳纳米管之间的内摩擦，损耗的功增加，使得 G''增加。

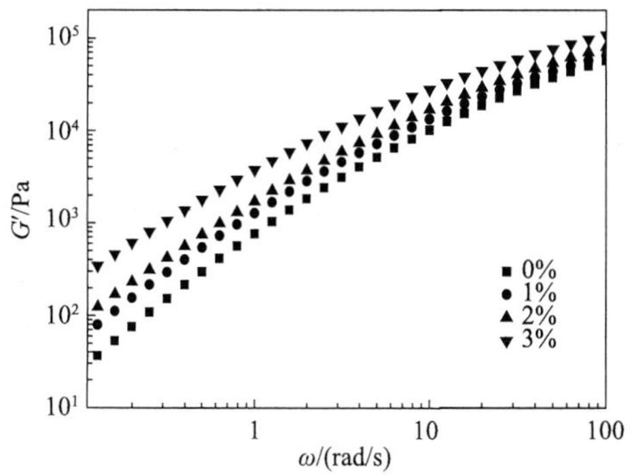

图 8-5　纳米复合材料的储能模量与扫描频率关系曲线

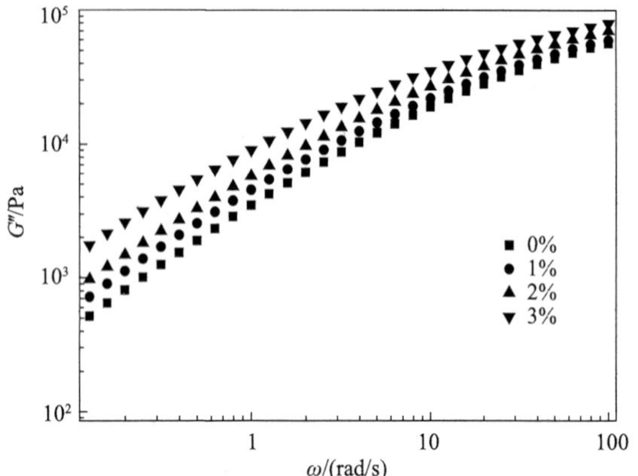

图 8-6　纳米复合材料的损耗模量与扫描频率关系曲线

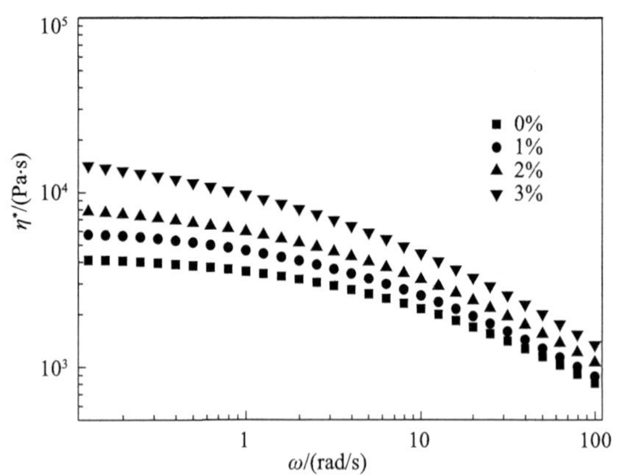

图 8-7　纳米复合材料的动态黏度与扫描频率关系曲线

从图 8-7 中可以发现，当 φ 较低时，η^*的增加不明显，当碳纳米管含量为 3%时，复合材料的动态黏度发生了较为明显的增加，此现象称为流变渗流现象[325,326]。并且发现流变渗流阀值与电渗流阀值几乎一致，李文春等[326]认为这是由于流变渗流和电渗流均源于体系内部网络结构的形成。

聚合物熔体在承受交变应力条件下，相角 δ($\tan\delta=G''/G'$)越接近 0，聚合物熔体产生的应变和所受应力的相位差越小，熔体弹性响应越快，表明熔体弹性越大；相反，δ 越趋近于 $\pi/2$，则应力和应变的相位差越大，弹性响应越慢，滞后越明显，聚合物熔体的黏性耗散越显著[327]。因此，$\tan\delta$ 越大，熔体的黏性效应越强，弹性效应越弱。图 8-8 为聚丙烯及其复合材料的损耗角正切函数与扫描频率的关系曲线。可以看出，在研究的频率范围内，随着 ω 的增加，$\tan\delta$ 减小，这是因为 ω 很高时，分子链段运动跟不上外力的变化，链段根本来不及运动，因此，其内耗摩擦小。随着碳纳米管含量的增加，$\tan\delta$ 减小，因此，碳纳米管的加入使得聚丙烯熔体的黏性效应减弱，材料的加工性能提高。无论是聚丙烯还是其复合材料，在大部分的研究频率范围内，$\tan\delta$ 都大于 1，因此，材料的熔体效应较强，表现出典型的黏弹性行为。

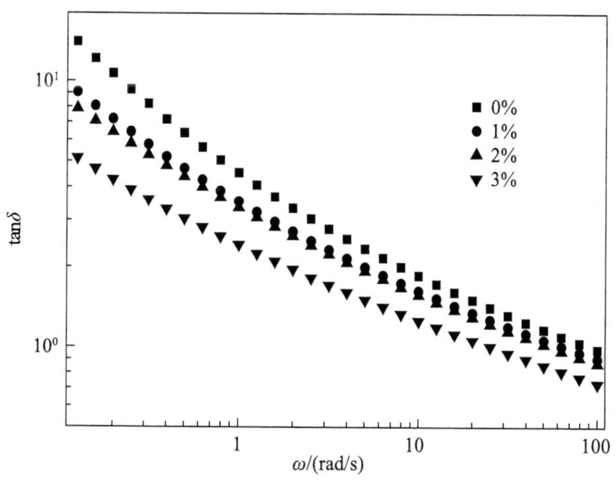

图 8-8　纳米复合材料的损耗角正切与扫描频率关系曲线

$\lg G'(\omega)$-$\lg G''(\omega)$ 曲线，也称为 Cole-Cole 曲线，是一种评估复合材料形态变化的良好方法[316,328,329]。理论上，均相或各向同性聚合物熔体/溶液，曲线的斜率为 2[330]，本章空白聚丙烯的 Cole-Cole 曲线斜率为 1.55。加入碳纳米管后，曲线斜率降低，1%、2%、3%(质量分数)碳纳米管含量复合材料的Cole-Cole曲线所对应的斜率分别为1.50、1.50、1.49(图8-9)。图中复合材料曲线的区别主要体现在低频区域，因此，碳纳米管的加入使聚丙烯尤其在低频区域的黏弹性行为发生变化。

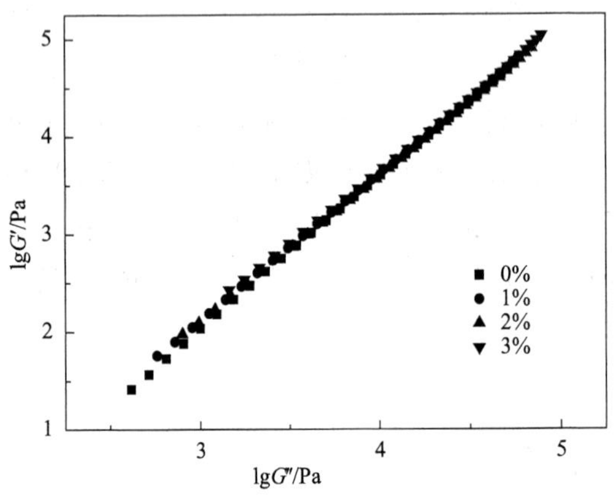

图8-9　200℃下聚丙烯及其复合材料的 $\lg G'(\omega)$-$\lg G''(\omega)$ 曲线

屈服应力是能够产生流动所需的最小的力。在屈服应力以下，材料会像弹性固体一样发生形变；在屈服应力以上，产生流动，材料会发生连续地形变[331]。确定材料的屈服应力对于确定材料的应用特性、储存性能是非常重要的。通常可以采用Casson曲线来描述非均相体系的屈服行为[332,333]，其表达式如下：

$$G''^{1/2} = G_y''^{1/2} + K\omega^{1/2} \tag{8-1}$$

式中，$G_y''^{1/2}$ 为屈服应力；K 为常数。图8-10为复合材料的Casson曲线，从图中可以看出，随着碳纳米管含量的增加，曲线的截距增大，说明复合材料的屈服应力增加，这是由于碳纳米管与聚丙烯分子链的缠结，因此需要更大的外力来驱动熔体的流动。

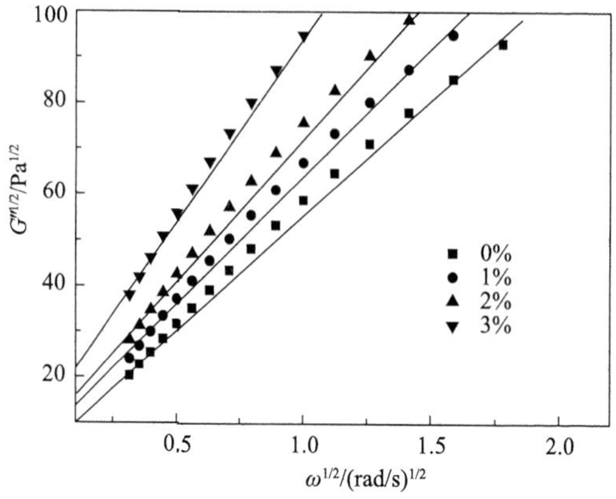

图 8-10　碳纳米管含量对复合材料屈服应力的影响

8.2.2　聚丙烯/多壁碳纳米管复合材料的松弛时间谱

1. 松弛时间谱的定义

在线性黏弹性范围内，基于 Boltzmann 的叠加原理，可以将应力与应变的关系用式(8-2)来表述：

$$\tau(t)=\int_{-\infty}^{t}G(t-t')\,\dot{\gamma}(t')\mathrm{d}t' \tag{8-2}$$

式中，τ 为偏应力张量；$\dot{\gamma}$ 为应变速率张量；$G(t)$ 为线性松弛模量。$G(t)$ 为线性弹性理论的基本物理量，具有重要的应用价值。在线性黏弹性范围内，根据广义的麦克斯韦(Maxwell)模型，$G(t)$ 可以表示为

$$G(t)=\sum_{k=1}^{N}g_k\mathrm{e}^{-\frac{t}{\lambda_i}} \tag{8-3}$$

将式(8-3)代入式(8-2)，则可以得出：

$$\tau(t)=\int_{-\infty}^{t}\sum_{k=1}^{N}g_k \mathrm{e}^{-\frac{t}{\lambda_k}}\dot{\gamma}(t')\mathrm{d}t' \tag{8-4}$$

式(8-4)为含应变速率的积分型 Maxwell 方程，式中，λ_k、g_k 分别代表广义 Maxwell 模型的第 k 组 Maxwell 元件的松弛时间和松弛模量。N 组 (λ_k, g_k) 构成了材料的离散松弛时间谱，它表示材料性质。松弛时间谱的物理解释为由于聚合物结构单元的多重性及其运动的复杂性，其力学松弛表现不止一个松弛时间，而是一个分布范围很宽的连续谱，不同松弛时间对应不同的松弛强度，反映不同运动单元对总体应力松弛的贡献[334]。因此，松弛时间谱对描述线性黏弹性行为非常重要。

在非线性黏弹性理论中，离散时间谱同样非常重要，如 KBKZ 型积分型本构方程[335,336]：

$$\tau(t)=\int_{-\infty}^{t}\sum_{k=1}^{N}g_k \mathrm{e}^{-\frac{t}{\lambda_k}}h(\dot{\gamma})\dot{\gamma}(t,t')\mathrm{d}t' \tag{8-5}$$

式中，$h(\dot{\gamma})$为衰减函数，通过该方程可以预测材料的非线性黏弹性行为。因此，获得可靠及准确的离散松弛时间谱对于材料的流变学表征和研究具有相当重要的意义。

本章通过小振幅剪切振荡实验得到聚丙烯及聚丙烯/碳纳米管复合材料的线性储能模量及损耗模量数据，采用线性最小二乘法、非线性最小二乘法及智能微粒群算法计算离散松弛时间谱并予以比较，研究了松弛数目、松弛时间的取值范围，以及碳纳米管含量对松弛时间谱的影响。

2. 松弛时间谱的确定

储能模量和损耗模量的表达式为[337]

$$G'(\omega) = G_0 + \int_0^{\infty} H(\lambda) \frac{\omega^2 \lambda^2}{1+\omega^2 \lambda^2} \frac{\mathrm{d}\lambda}{\lambda} \tag{8-6}$$

$$G'(\omega) = \int_0^{\infty} H(\lambda) \frac{\omega \lambda}{1+\omega^2 \lambda^2} \frac{\mathrm{d}\lambda}{\lambda} \tag{8-7}$$

式(8-6)中，$H(\lambda)$为松弛时间 λ 的连续分布函数，称为松弛谱；G_0为平衡模量，体系为固体时，$G_0>0$，而对于液体体系，$G_0=0$。根据广义 Maxwell 模型，液体或熔体体系的储能模量 $G'(\omega)$和损耗模量 $G''(\omega)$可以表示为以下离散形式：

$$G'(\omega) = \sum_{k=1}^{N} g_k \frac{\omega^2 \lambda_k^2}{1+\omega^2 \lambda_k^2} \tag{8-8}$$

$$G''(\omega) = \sum_{k=1}^{N} g_k \frac{\omega \lambda_k}{1+\omega^2 \lambda_k^2} \tag{8-9}$$

显然，根据已获得的不同扫描频率 ω_j 的 $G'(\omega_j)$和 $G''(\omega_j)$实验数据，对式(8-8)及式(8-9)进行回归，即得出离散松弛时间谱。在计算离散松弛时间谱时，广泛采用的数学方法主要有最小二乘法线性回归、正则法、非线性回归法等。

3. 线性最小二乘法

根据最小二乘原理，由 M 组实验数据 $G'(\omega_j)$、$G''(\omega_j)$所确定的具有 N 个时间常数的松弛时间谱(λ_j, g_j)应使得式(8-10)取得最小值：

$$S.D.^2 = \frac{1}{M}\left\{\sum_{i=1}^{M}\left[1-\frac{1}{G'(\omega_i)}\sum_{k=1}^{N}\frac{g_k \omega_i^2 \lambda_k^2}{1+\omega_i^2 \lambda_k^2}\right]^2 + \sum_{i=1}^{M}\left[1-\frac{1}{G''(\omega_i)}\sum_{k=1}^{N}\frac{g_k \omega_i \lambda_k}{1+\omega_i^2 \lambda_k^2}\right]^2\right\} \tag{8-10}$$

为使式(8-10)取得最小值，g_j 的偏导应该满足 $\alpha S.D.^2/\alpha g_j=0$，得

$$\sum_{i=1}^{M}\left(\frac{\omega_i^2\lambda_j^2}{(1+\omega_i^2\lambda_j^2)G_i'^2}+\frac{\omega_i\lambda_j}{(1+\omega_i\lambda_j)G_i''^2}\right)\cdot\sum_{k=1}^{N}\frac{g_k\omega_i^2\lambda_k^2}{1+\omega_i^2\lambda_k^2}$$
$$=\sum_{i=1}^{M}\left(\frac{\omega_i^2\lambda_j^2}{(1+\omega_i^2\lambda_j^2)G_i'}+\frac{\omega_i\lambda_j}{(1+\omega_i\lambda_j)G_i''}\right) \tag{8-11}$$

对不同的 g_j 求偏导数 $(j=1,2,\ldots,N)$，则可组成一个线性方程组：

$$\boldsymbol{AX}=\boldsymbol{B} \tag{8-12}$$

系数矩阵 $\boldsymbol{A}=(a_{ij})[i,j=1,2,\cdots,N]$，$\boldsymbol{B}=(b_i)[i=1,2,\ldots,N]$，$\boldsymbol{X}=(g_i)[i=1,2,\ldots,N]$。其中，

$$a_{ij}=\sum_{k=1}^{M}\left[\frac{(\omega_k\lambda_j)^2}{G_k'^2\left[1+(\omega_k\lambda_j)^2\right]}\frac{(\omega_k\lambda_i)^2}{1+(\omega_k\lambda_i)^2}+\frac{\omega_k\lambda_j}{G_k''^2\left[1+(\omega_k\lambda_j)^2\right]}\frac{\omega_k\lambda_i}{1+(\omega_k\lambda_i)^2}\right] \tag{8-13}$$

$$b_i=\sum_{k=1}^{M}\left[\frac{(\omega_k\lambda_i)^2}{G_k'\left[1+(\omega_k\lambda_j)^2\right]}+\frac{\omega_k\lambda_i}{G_k''\left[1+(\omega_k\lambda_j)^2\right]}\right] \tag{8-14}$$

首先确定 λ_j 的值，然后采用高斯消去法解方程[式(8-12)]，得到 g_j 的值。所得到的 N 个 (λ_j, g_j) 构成材料的离散松弛谱，对应着 N 个松弛单元的松弛时间和松弛强度。线性回归的优点为方法简单、快捷，当有大量的实验数据时，可以快速得到结果。但在数学上对式(8-10)求解是一种病态问题，而且随着离散松弛谱个数的增加，问题的病态性也加重[338]，求得的 g_j 标准偏差较大。

4. 非线性最小二乘法

对于式(8-10)，如果同时计算 g_j 和 λ_j，则问题为多元非线性模型回归问题，即

$$\frac{\partial S.D.^2}{\partial g_j}=0 \qquad \frac{\partial S.D.^2}{\partial \lambda_j}=0 \tag{8-15}$$

由式(8-15)构成非线性方程组，如式(8-16)所示：

$$\begin{aligned}
&\sum_{k=1}^{M}\left[\begin{array}{l}\dfrac{(\omega_k\lambda_i)^2}{G_k'^2[1+(\omega_k\lambda_i)^2]}\cdot\sum_{p=1}^{N}g_p\dfrac{(\omega_k\lambda_p)^2}{1+(\omega_k\lambda_p)^2}+\dfrac{\omega_k\lambda_i}{G_k''^2[1+(\omega_k\lambda_i)^2]}\cdot\\ \sum_{p=1}^{N}g_p\dfrac{\omega_k\lambda_p}{1+(\omega_k\lambda_p)^2}-\dfrac{(\omega_k\lambda_i)^2}{G_k'[1+(\omega_k\lambda_i)^2]}-\dfrac{\omega_k\lambda_i}{G_k''[1+(\omega_k\lambda_i)^2]}\end{array}\right]=0\\
&\sum_{k=1}^{M}\left[\begin{array}{l}\dfrac{2g_i\omega_k{}^2\lambda_i}{G_k'^2[1+(\omega_k\lambda_i)^2]^2}\cdot\sum_{p=1}^{N}g_p\dfrac{(\omega_k\lambda_p)^2}{1+(\omega_k\lambda_p)^2}+\dfrac{g_i\omega_k(1-\omega_k{}^2\lambda_i{}^2)}{G_k''^2[1+(\omega_k\lambda_i)^2]^2}\cdot\\ \sum_{p=1}^{N}g_p\dfrac{\omega_k\lambda_p}{1+(\omega_k\lambda_p)^2}-\dfrac{2g_i\omega_k{}^2\lambda_i}{G_k'[1+(\omega_k\lambda_i)^2]^2}-\dfrac{g_i\omega_k(1-\omega_k{}^2\lambda_i{}^2)}{G_k''[1+(\omega_k\lambda_i)^2]^2}\end{array}\right]=0
\end{aligned} \tag{8-16}$$

采用高斯–牛顿法解线性方程组[式(8-16)]。高斯–牛顿法的基本思想是将非线性方程组逐次线性化处理，在初值领域上对方程组作泰勒展开，并取一阶导数作为线性近似。因此，首先取一组 g_j 和 λ_j 的初值，作线性变化后，根据最小二乘法原理得出初值与真解之差 Δ_i，进而求出真解。如果此时计算得出的 Δ_i 较大，可令刚算出的真解代替原来的初值，重复计算直到 Δ_i 满足精度要求。

需要指出的是，在反复迭代过程中初值是随机选取，因此，在迭代求解时可能出现逐次增大，导致无法进行计算，从而无法得出正确结果。同时将式(8-16)分别对 g_j 和 λ_j 求一阶偏导，其计算量非常大，容易造成人为的计算错误，同样也无法得出正确结果。

5. 正则法

为改善单纯采用线性回归法的不足，Honerkamp 和 Weese[339] 提出采用 Tikhonov 正则法将式(8-10)转化为以下形式：

$$S.D.^2=\left\{\sum_{i=1}^{M}\left[1-\frac{1}{G'(\omega_i)}\sum_{k=1}^{N}\frac{g_k\omega_i^2\lambda_k^2}{1+\omega_i^2\lambda_k^2}\right]^2+\sum_{i=1}^{M}\left[1-\frac{1}{G''(\omega_i)}\sum_{k=1}^{N}\frac{g_k\omega_i\lambda_k}{1+\omega_i^2\lambda_k^2}\right]^2\right\}+\lambda^*\sum_{k=1}^{N}g_k^2 \tag{8-17}$$

式中，λ^*为正则常数，可通过 Mallows 方法[340]求得。此方法求得的 g_j 标准偏差较小，因而当比较关心离散松弛时间谱的形状时通常采用正则法[336]。然而，在 N 较大时同样会有 g_j 为负值的情况发生。

6. 智能微粒群算法

微粒群算法是继蚁群算法之后提出的又一种新型的进化计算技术，具有典型的群体智能的特性。大量的实验发现，智能微粒群算法(PSO)能取得比遗传算法更好的结果，同时收敛速度更快。本章采用此法对式(8-10)进行最小值的求解，得出松弛时间谱，为松弛时间谱的计算提供一条新的途径。

1) 基本原理[275]

微粒群算法与其他进化算法相似，也是根据对环境的适应度将群体中的个体移动到较好的区域，不同之处在于它不像其他演化算法那样对个体使用演化算子，而是将每个个体看作寻优空间中的一个没有质量、没有体积的微粒，在搜索空间中以一定的速度飞行，通过对环境的学习与适应，根据个体与群体的飞行经验的综合分析结果来动态调整飞行速度。

在整个寻优过程中，每个微粒的适应值取决于所选择的优化函数的值，并且每个微粒都具有以下几类信息：微粒当前所处位置；到目前为止由自己发现的最优位置 p_{best}，以信息视为微粒的自身飞行经验；到目前为止整个群体中所有微粒发现的最优位置 g_{best}(g_{best} 是在 p_{best} 中的最优值)，这可视为微粒群的同伴共享飞行经验。于是，各微粒的运动速度受到自身和群体历史运动状态信息的影响，并以自身和群体的历史最优位置来对微粒当前的运动方向和运动速度加以影响，很好地协调了微粒自身运动和群体运动之间的关系。

2) 数学描述

设在 D 维空间中有 n 个微粒，$X_i=(x_{i1}, x_{i2},\cdots, x_{id})$ 为微粒 i 的当前位置；$V_i=(v_{i1}, v_{i2},\cdots, v_{id})$ 为微粒 i 当前的飞行速度；$P_i=(p_{i1}, p_{i2},\cdots, p_{id})$ 为微粒 i 所经历的具有最好适应值的位置，记为 p_{best}；$G=(g_1, g_2,\cdots, g_d)$ 为整个种群中微粒所经历的具有最好适应值的位置，称为全局最好位置 g_{best}。微粒 i 在 $d(d=1\sim D)$ 维子空间中的飞行速度 v_{id} 及位置根据式(8-18)进行调整：

$$v_{id} = q\times v_{id} + c_1\times\text{rand}_1()\times(p_{id} - x_{id}) + c_2\text{rand}_2()\times(p_{id} - x_{id}) \quad (8\text{-}18)$$

$$\begin{cases} v_{id} = v_{\max} & \text{如果} \quad v_{id} > v_{\max} \\ v_{id} = -v_{\max} & \text{如果} \quad v_{id} < -v_{\max} \end{cases}$$

$$x_{id}^{k} = x_{id}^{k-1} + v_{id}^{k-1} \quad (8\text{-}19)$$

$$\text{其中，} \quad i = 1,2,\cdots,n$$

式中，q 为惯性权重；c_1、c_2 为加速常数，一般 $c_1=c_2=2$；rand() 为 0～1 之间的随机数。微粒的速度被最大速度 $v_{\max}$ 所限制，以免微粒飞出搜索空间。

3) 计算流程

由于未知量 g_j 和 λ_j 的值可能会对计算结果造成误差，本章将未知量进行适当的变量变换，变换形式如下：

$$g_j = 10^{y_j} \qquad \lambda_j = 10^{x_j} \quad (8\text{-}20)$$

因此，将对 g_j 和 λ_j 的求解，转化为对 y_j 和 x_j 的求解，同时保证所得的松弛模量为正值。根据智能微粒群算法计算时，微粒坐标 $X_i=(y_{i1}, y_{i2},\cdots, y_{iN}, x_{i1}, x_{i2},\cdots, x_{iN})$，空间维数 $2N$，目标函数为式(8-10)，计算流程如下：

第 1 步：设置群体规模 n=150，初始化所有微粒，在允许范围内随机设置微粒的初始位置和速度，并将各个微粒的 p_{best} 暂时取初始位置。将各个微粒的坐标代入式(8-10)，进行对比，所得方程的值最小的微粒，其位置暂时设为最佳位置 g_{best}。

第 2 步：根据微粒群速度和位置更新方程来调整微粒的速度和位置。

第 3 步：评价新微粒的适应值，即分别对每个微粒计算目标函数式(8-10)的值。

第 4 步：对每个微粒，将其适应值与其历史最优位置 p_{best} 所对应的适应值进行比较，如果优于 p_{best}，取式(8-10)值小的为优，则将其作为该微粒的最优位置 p_{best}。

第 5 步：对每个微粒，将其最优位置 p_{best} 与群体最优位置 g_{best} 进行比较，如果优于 g_{best}，则将该微粒的位置作为群体的最优位置 g_{best}。

第 6 步：检查终止条件，通常为达到最大迭代次数或足够好的适应值，或者最优解停滞不再变化。若满足上述条件，终止迭代；否则返回第 2 步。

7. 计算结果分析

考虑到计算松弛时间谱采用的松弛模态数 N 和松弛时间范围 $[\lambda_{min}, \lambda_{max}]$ 各不相同，为了便于比较，对数据进行归一化处理，即将所有的 g_j 均除以归一化常数，即

$$g_j^* = g_j / h \tag{8-21}$$

式中，$h = \dfrac{\ln(\lambda_{max} / \lambda_{min})}{N-1}$。

1) 松弛模态数 N 对计算结果的影响

为了比较松弛模态数 N 对松弛谱计算的影响，采用三种方法在相同的松弛时间取值范围内(0.01～10s)分别计算 N=5、8、10、15、

20、30 的松弛时间谱。图 8-11～图 8-13 列出了计算结果，松弛模量为负数时的结果未被列出。计算时，发现当松弛模态数取 30 时，通过线性最小二乘法，程序无法获得松弛时间谱。而当松弛模态数取 8 时，松弛模量就开始出现了没有意义的负值。由于本章取对数作曲线，因此松弛模量出现负值时，未能画出。应该注意到随着松弛时间的增加，松弛模量应该逐渐减弱，而对于采用非线性最小二乘法求松弛时间谱时，可以保证松弛模量均为正值，而且保证了随着松弛时间的增加，松弛模量逐渐减小的趋势。对于本章中采用的微粒群算法得出的结果，其精度高，而且保证了松弛模量为正值。各种方法的拟合精度采用计算得出的储能模量和损耗模量与实验值的均方根偏差来表示，见表 8-2。对于非线性最小二乘法，其计算得出的均方根偏差随着松弛模态数的增加而增加；从表中可以明显看出，微粒群算法得出的结果精度非常高，而且与松弛模态数无关。这是因为微粒群算法在求解复杂优化问题上具有独特的优势，同时由于算法简单，编程的工作量也相对非线性最小二乘法少。因此，可以证明通过微粒群算法计算聚合物熔体松弛时间谱是完全可行的。

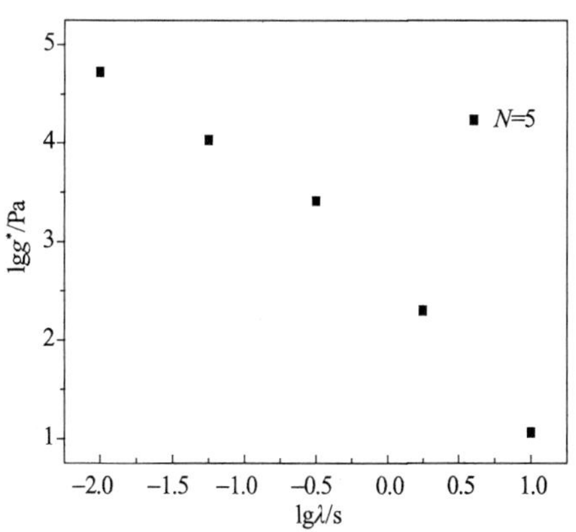

图 8-11　聚丙烯松弛时间谱(线性最小二乘法)

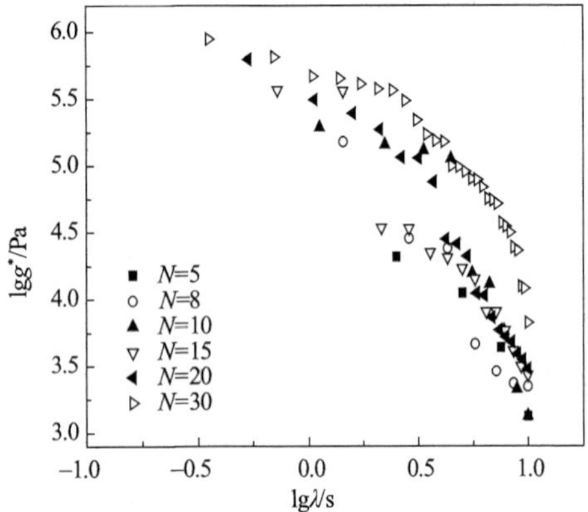

图 8-12 聚丙烯松弛时间谱(非线性最小二乘法)

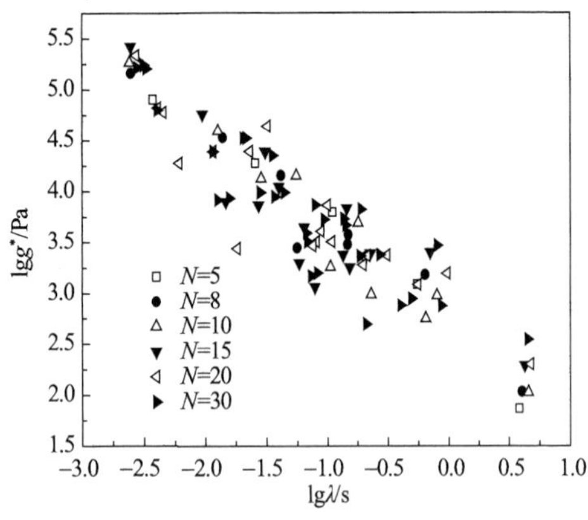

图 8-13 聚丙烯松弛时间谱(智能微粒群算法)

表 8-2 不同模态数下的计算值与实验值的均方根偏差(PP)

N	线性最小二乘法		非线性最小二乘法		智能微粒群算法	
	$\lg G'$	$\lg G''$	$\lg G'$	$\lg G''$	$\lg G'$	$\lg G''$
5	0.02254	0.01499	1.62688	0.83437	0.00548	0.00584
8	—	—	1.95409	1.18254	0.00849	0.00368
10	—	—	2.33482	1.44941	0.00514	0.00442
15	—	—	2.17272	1.41462	0.00559	0.00407
20	—	—	2.34206	1.54930	0.00549	0.00302
30	—	—	2.69936	1.78608	0.00506	0.00367

2) 松弛时间范围[λ_{min}, λ_{max}]的影响

在离散松弛时间谱的计算中，一般先确定松弛时间范围 λ_j 再计算 g_j。常用的方法是将动态流变实验中的扫描频率上下限的倒数作为松弛时间谱的范围，通常可以在所得范围的基础上，将其上下限分别扩大一个或两个数量级，来研究松弛时间范围对松弛时间谱求解的影响。本章固定取松弛模态数 N=20，采用非线性最小二乘法和微粒群算法，计算松弛时间谱，结果见图 8-14 和图 8-15。松弛时间范围增大时，采用线性最小二乘法求取的模态数 N 减小，因此，这里不作比较。由于高斯-牛顿法对初值的选择是随机的，因此，对于同一个方程，每次得出的结果都不同，需要进行迭代，然而计算发现，采用高斯-牛顿法解式(8-17)通常会出现迭代发散，因此，采用此方法解式(8-17)会造成很大的误差。图 8-14 为采用非线性最小二乘法计算的在不同松弛时间范围内的松弛时间谱，从图中可以看出，不同的松弛时间范围得到不同的松弛时间谱。两种方法计算得到的均方根偏差列于表 8-3。从表中可以看出，储能模量的精度随着松弛时间范围的扩大而降低，而损耗模量的变化趋势则相反。

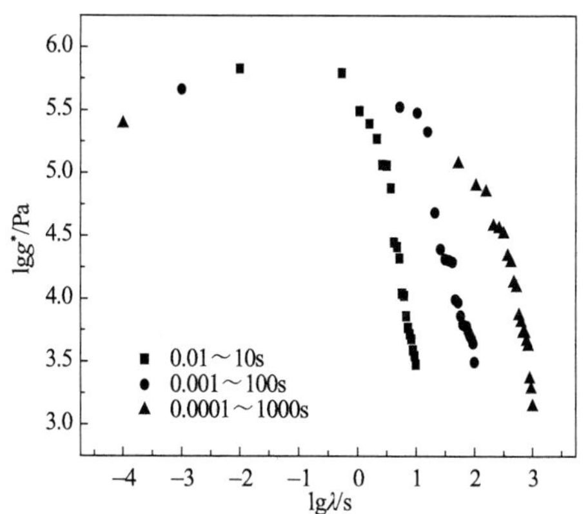

图 8-14　聚丙烯松弛时间谱(非线性最小二乘法)

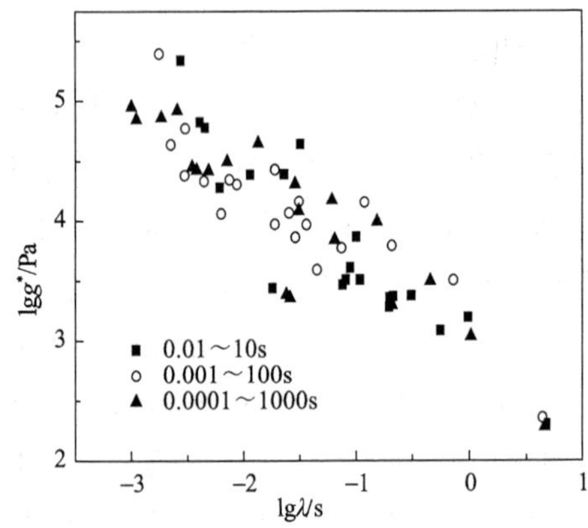

图 8-15　聚丙烯松弛时间谱(智能微粒群算法)

表 8-3　不同松弛时间范围下的计算值与实验值的均方根偏差(PP)

λ/s	非线性最小二乘法		智能微粒群算法	
	lg*G*′	lg*G*″	lg*G*′	lg*G*″
10^{-2}～10	2.34206	1.54930	0.00549	0.00302
10^{-3}～10^{2}	2.65538	1.37684	0.00605	0.00275
10^{-4}～10^{3}	2.52241	1.28682	0.00548	0.00297

而对于采用智能微粒群算法计算的结果，其精度仍然很高，这里可以发现，取不同松弛时间范围进行计算时，该方法计算得出的松弛时间的范围固定，为 10^{-3}～10s，而且得出的松弛时间谱一致，这是因为智能微粒群算法是一个全局寻优的算法，其计算过程中，不会因为范围的限制而局限在求该范围内的最优值，因此，通过该方法可以确定聚丙烯熔体的松弛时间范围在 10^{-3}～10s。

3) 碳纳米管量对聚丙烯松弛时间谱的影响

松弛时间谱是物料线性黏弹性的流变表征手段和数学描述方法之一，高分子链结构的运动情况可以反映出不同的松弛时间谱分布。本章考察了碳纳米管含量对聚丙烯松弛时间谱的影响情况，图 8-16 对比了不同碳纳米管含量的聚丙烯复合材料在 200℃下计算得出的，在松弛模态数为 5 及松弛时间范围为 10^{-3}～10^{1}s 情况下的松弛时间谱。从图中可以看出，松弛谱随松弛时间的增加而差异性增大，说明碳纳米管的加入改变了聚丙烯熔体的分子链缠结网结构。

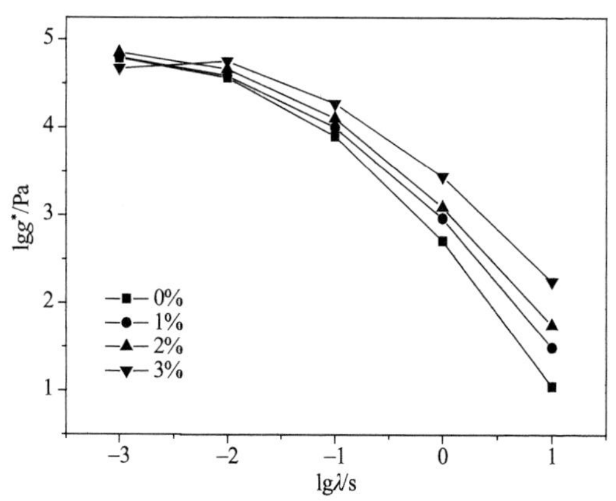

图 8-16　不同碳纳米管含量的聚丙烯复合材料的松弛时间谱

8.3　本 章 小 结

(1)随着碳纳米管含量的增加，复合材料熔体的蛇形时间增加，即材料的链段最长松弛时间增加，熔体的弹性形变松弛效应减弱，频率较低时，G'对 φ 的依赖较强；复合材料的 G''和 η^*同样随着 φ 的增大而增加，且当碳纳米管含量为 3%(质量分数)时，复合材料的动态黏度发生了较为明显的增加，复合材料熔体的 $\tan\delta$ 随着碳纳米管含量的增加而减小，而屈服应力随着碳纳米管含量的增加而增加。

(2)采用智能微粒群算法计算的松弛时间谱与实验值的拟合精度非常高，证明微粒群算法计算聚合物熔体松弛时间谱是完全可行的，且具有明显的优势。由于智能微粒群算法是一个全局寻优的算法，在计算松弛时间谱问题上与松弛模态数及松弛时间的取值范围无关；复合材料熔体的松弛时间谱在长松弛时间端的差异比较明显。

第9章　结　　论

(1)通过对碳纳米管进行红外光谱分析、元素分析及 X 射线光电子能谱分析，可以证实碳纳米管与 TDI 及己内酰胺发生反应，表面引入酰亚胺基团，具备成为己内酰胺阴离子开环聚合活性中心的条件。考察了聚合条件对己内酰胺阴离子聚合的影响情况，综合分析，得出较优的工艺条件为：当己内酰胺用量为 16.978g 时，其聚合温度为 160℃，NaOH 用量为 0.04g，TDI 用量为 0.1mL。MC 尼龙 6 复合材料的吸湿率随碳纳米管含量的增加呈现先增加后减小的趋势。碳纳米管的加入有效地提高了 MC 尼龙 6 的热稳定性。相比未改性碳纳米管，改性碳纳米管在提高 MC 尼龙 6 力学性能方面表现较为显著，MC 尼龙 6 复合材料的拉伸强度及缺口冲击强度随 MWNTs—CCL 含量的增加呈现先增加后减小的趋势。当含量为 0.3%(质量分数)时，复合材料的拉伸强度及冲击强度均达到最高值。MC 尼龙 6 复合材料的弯曲强度随 MWNTs—CCL 含量的增加而增加。

(2)基于绝热法思想，采用非等温动力学分析 MC 尼龙 6/碳纳米管复合材料成型过程的反应动力学。计算结果表明，改性碳纳米管的加入提高成型的反应速率，而未改性碳纳米管的加入对反应速率无显著影响。复合材料的成型反应均可以视为准一级反应。而通过 Malkin 提出的自催化模型可知，碳纳米管含量的变化主要影响己内酰胺阴离子聚合反应的自催化过程。改性碳纳米管的加入并未改变尼龙 6 的晶体结构，而未改性碳纳米管的加入限制了尼龙 6 结晶过程中 α_2 晶型的生长。相比纯 MC 尼龙 6，改性碳纳米管复合材料的熔点有所降低，而球晶尺寸有所减小。未改性碳纳米管的加入则较大程度地降低 MC 尼龙 6 的结晶程度。通过改性，碳纳米管与 MC 尼龙 6 基体的界面黏结力增强。

(3)0.3%(质量分数)改性碳纳米管的加入对 MC 尼龙 6 的结晶度影响不大，提高了 MC 尼龙 6 的结晶速率，其异相成核作用使 MC 尼龙 6 的结晶程度差异性降低。Ozawa 方程无法合理地描述 MC 尼龙 6 及其改性碳纳米管复合材料的动力学过程。Avrami 方程在描述 MC 尼龙 6/改性碳纳米管复合材料时，由于二次结晶过程的影响，结晶后期偏离线性关系。Mo 方法和 Urbanovici-Segal 方法都能够很好地描述 MC 尼龙 6 及 MC 尼龙 6/改性碳纳米管复合材料的非等温结晶动力学。通过 Urbanovici-Segal 方法分析得出，MC 尼龙 6/改性碳纳米管复合材料的非等温结晶过程较大程度地偏离 Avrami 方程。利用 Friedman 方法计算结晶活化能，表明改性碳纳米管的加入明显降低了 MC 尼龙 6 的结晶活化能。Vyazovkin 方法的计算结果与 Friedman 方法的一致。改性碳纳米管复合材料的结晶后期可能遵循另一种结晶机理，导致其活化能随相对结晶度的增加而急剧上升。

(4)加入碳纳米管后，聚丙烯的拉伸强度、弯曲强度、热变形温度及熔体流动速率提高，而冲击强度降低。随着碳纳米管含量的增加，聚丙烯/碳纳米管复合材料的体积电阻率降低，其渗透阈值为 3%(质量分数)。POM 结果表明，加入碳纳米管后，聚丙烯球晶的晶粒尺寸减小，晶粒明显细化，当碳纳米管含量增加时，晶粒的尺寸有进一步减小的趋势。XRD 及不同结晶温度下的熔融行为分析表明碳纳米管为聚丙烯的 α 晶成核剂；碳纳米管的加入显著提高了聚丙烯的热稳定性。

(5)t_p 随着结晶温度的升高而增加，在结晶温度相近的情况下(123℃、125℃和 128℃)，聚丙烯/碳纳米管复合材料的 t_p 小于纯聚丙烯的 t_p。随着结晶温度的升高，$t_{1/2}$ 增加。而相同结晶温度时，聚丙烯/碳纳米管复合材料的 $t_{1/2}$ 远小于纯聚丙烯的 $t_{1/2}$，且聚丙烯/碳纳米管复合材料的 Avrami 方程参数 Z_t 大于纯聚丙烯的 Z_t，以上结果表明碳纳米管的加入提高了聚丙烯的结晶速率。聚丙烯/碳纳米管复合材料的动力学参数(K_g)、端表面自由能(σ_e)及链折叠功(q)均低于纯聚丙烯，表明碳纳米管能促进聚丙烯结晶时分子链的折叠，提高聚丙烯的结晶能力。根据 Ozawa 模型所作的结晶动力学曲线，线性不明显，说明采用 Ozawa 模型不适用于描述聚丙烯/碳纳米管复合材料的非等温结晶过程。采用 Mo 方法分析聚丙烯及其碳纳米管复合材料结晶动力学时，$\ln\beta$-$\ln t$ 曲线线性关系都比较明显，且在给定的相对结晶度 X_T 下，聚丙烯/碳纳米管复合材料的 $F(T)$ 比纯聚丙烯小，同样表明了碳纳米管能提高聚丙烯的结晶速率。聚丙烯/1%(质量分数)碳纳米管的成核效率为 0.89，其值低于 1，因此碳纳米管在聚丙烯基体中能够作为一种有效的成核剂；加入碳纳米管后，聚丙烯的结晶活化能稍微有所增加，而前面分析碳纳米管的加入促进聚丙烯的结晶，提高结晶速率，究其原因在于成核剂在聚丙烯中的双重作用。

(6)将非等温结晶过程视为有限个等温结晶过程的组合，将结晶划分为成核与生长两个阶段，进行计算模拟。通过模拟得到的聚丙烯非等温结晶过程的动力学数据在低降温速率 2.5℃/min、5℃/min 和 10℃/min 时很好地与实验数据吻合。而由于试样与 DSC 加热炉之间的热滞后性，在高降温速率 20℃/min 和 40℃/min 时，实验数据滞后于预测值；嵌入结晶诱导时间效应，预测得到的动力学参数与实验数据吻合，证明该模拟的合理性。实验得到的活化能在结晶后期增加速率明显大于模拟得到的值，表明结晶后期较模拟描述的动力学过程复杂。模拟同样可以获得结晶过程中球晶尺寸大小与数目，并且表明在较低降温速率时，聚丙烯的球晶尺寸分布较为均一。晶核尺寸随降温速率的升高而增加，不同降温速率 2.5℃/min、5℃/min、10℃/min、20℃/min 和 40℃/min 时的晶核数目分别为 $7.655\times10^{12}m^{-3}$、$1.515\times10^{13}m^{-3}$、$3.3481\times10^{13}m^{-3}$、$8.1043\times10^{13}m^{-3}$ 和 $2.1208\times10^{14}m^{-3}$。

(7)随着碳纳米管含量的增加，复合材料熔体的蛇形时间增加，即材料的链段最长松弛时间增加，熔体的弹性形变松弛效应减弱，频率较低时，G'对 φ 的依赖较强。复合材料熔体的 G''和 η^*同样随着 φ 的增大而增加，且当碳纳米管含量为3%(质量分数)时，复合材料熔体的 η^*发生了较为明显的增加，复合材料熔体的 $\tan\delta$ 随着碳纳米管含量的增加而减小，而屈服应力随碳纳米管含量的增加而增加。采用智能微粒群算法计算的松弛时间谱与实验值的拟合精度非常高，证明微粒群算法计算聚合物熔体松弛时间谱是完全可行的，且具有明显的优势。由于智能微粒群算法是一个全局寻优的算法，在计算松弛时间谱问题上与松弛模态数及松弛时间的取值范围无关。复合材料熔体的松弛时间谱在长松弛时间端的差异比较明显。

参 考 文 献

[1] Lijima S. Helical microtubes of graphic carbon. Nature, 1991, 354: 56-58.

[2] Wang J. Carbon-nanotube based electrochemical biosensors: A review. Electroanalysis, 2005, 17(1): 7-14.

[3] Kaushik B K, Goel S, Rauthan G. Future VLSI interconnects: optical fiber or carbon nanotube: A review. Microelectronics International, 2007, 24(2): 53-63.

[4] Coleman J N, Khan U, Blau W J, et al. Small but strong: a review of the mechanical properties of carbon nanotube-polymer composites. Carbon, 2006, 44(9): 1624-1652.

[5] White A A, Best S M, Kinloch L A. Hydroxyapatite-carbon nanotube composites for biomedical applications: A review. International Journal of Applied Ceramic Technology, 2007, 4(1): 1-13.

[6] Breuer O, Sundararaj U. Big returns from small fibers: A review of polymer/carbon nanotube composites. Polymer Composites, 2004, 25(6): 630-645.

[7] Bokobza L. Multiwall carbon nanotube elastomeric composites: A review. Polymer, 2007, 48(17): 4907-4920.

[8] Anson A, Benham M, Jagiello J, et al. Hydrogen adsorption on a single-walled carbon nanotube material: A comparative study of three different adsorption techniques. Nanotechnology, 2004, 15(11): 1503-1508.

[9] Jeykumari D R S, Kumar S S, Narayanan S S. Immobilization of redox mediators on functionalized carbon nanotube: a material for chemical sensor fabrication and amperometric determination of hydrogen peroxide. Pramana-Journal of Physics, 2005, 65(4): 731-738.

[10] Du N, Zhang H, Chen B, et al. Porous Co_3O_4 nanotubes derived from $Co_4(CO)_{12}$ clusters on carbon nanotube templates: a highly efficient material for Li-battery applications. Advanced Materials, 2007, 19(24): 4505-4509.

[11] Choi J H, Nguyen F T, Barone P W, et al. Multimodal biomedical imaging with asymmetric single-walled carbon nanotube/iron oxide nanoparticle complexes. Nano Letters, 2007, 7(4): 861-867.

[12] O'Flaherty S A, Murphy R, Hold S V, et al. Material investigation and optical

limiting properties of carbon nanotube and nanoparticle dispersions. Journal of Physical Chemistry B, 2003, 107(4): 958-964.

[13] Xue Y Q, Datta S. Fermi-level alignment at metal-carbon nanotube interfaces: Application to scanning tunneling spectroscopy. Physical Review Letters, 1999, 83(23): 4844-4847.

[14] Cheung C L, J H H, C M L. Carbon nanotube atomic force microscopy tips: Direct growth by chemical vapor deposition and application to high-resolution imaging. Proceedings of the National Academy of Sciences of the United States of America, 2000, 97(8): 3809-3813.

[15] Zhao G, Liu K Z, Lin S, et al. Application of a carbon nanotube modified electrode in anodic stripping voltammetry for determination of trace amounts of 6-benzylaminopurine. Microchimica Acta, 2003, 143(4): 255-260.

[16] Johnson R R, Johnson A T C, Klein M L. Probing the structure of DNA-carbon nanotube hybrids with molecular dynamics. Nano Letters, 2008, 8(1): 69-75.

[17] Sun Z Y, Yuan H Q, Liu Z M, et al. A highly efficient chemical sensor material for H_2S: α-Fe_2O_3 nanotubes fabricated using carbon nanotube templates. Advanced Materials, 2005, 17(24): 2993-2997.

[18] Zhou G, Kawazoe Y. Application of single-walled carbon nanotube body to unique emitter: A first-principles study. Chemical Physics Letters, 2001, 350(5-6): 386-392.

[19] Brodka A, Koloczek J, Burian A, et al. Molecular dynamics simulation of carbon nanotube structure. Journal of Molecular Structure, 2006, 792(3): 78-81.

[20] Ding F, Bolton K, Rosen A. Structure and thermal properties of supported catalyst clusters for single-walled carbon nanotube growth. Applied Surface Science, 2006, 252(15): 5254-5258.

[21] Lange H, Bystrzejewski M, Huczko A. Influence of carbon structure on carbon nanotube formation and carbon arc plasma. Diamond and Related Materials, 2006, 15(4-8): 1113-1116.

[22] Du YJ, Li ZH, Fan K N. Tuning the catalytic performance of carbon nanotubes by tuning the conjugation between the π orbitals of carbon nanotubes and the active oxygenic functional groups. Chinese Journal of Catalysis, 2013, 34(7): 1291-1296.

[23] Lee R S, Kim H J, Fischer J E, et al. Conductivity enhancement in

single-walled carbon nanotube bundles doped with K and Br. Nature, 1997, 388(6639): 255-257.

[24] Zahab A, Spina L, Poncharal P, et al. Water-vapor effect on the electrical conductivity of a single-walled carbon nanotube mat. Physical Review B, 2000, 62(15): 10000-10003.

[25] Wang X F, Wang D Z, Liang D. Carbon nanotube capacitor materials loaded with different amounts of ruthenium oxide. Acta Physico-Chimica Sinica, 2003, 19(6): 509-513.

[26] Snow E S, Perkins F K, Houser E J, et al. Chemical detection with a single-walled carbon nanotube capacitor. Science, 2005, 307(5717): 1942-1945.

[27] Arepalli S, Fireman H, Huffman C, et al. Carbon-nanotube-based electrochemical double-layer capacitor technologies for spaceflight applications. Journal of the Minerals, Metals, and Materials Society, 2005, 57(12): 26-31.

[28] Darsono N, Kwon S W, Yoon D H, et al. Field emission properties of carbon nanotube pastes examined using design of experiments. Journal of Materials Science-Materials in Electronics, 2008, 19(1): 17-23.

[29] Li H, Zhang C, Marzari N. Unique carbon-nanotube field-effect transistors with asymmetric source and drain contacts. Nano Letters, 2008, 8(1): 64-68.

[30] Dean K A, Coll B F, Howard E, et al. A carbon-nanotube field-emission display with simple electron-beam trajectory control. Journal of the Society for Information Display, 2007, 15(12): 1047-1056.

[31] Chen Z H, Farmer D, Xu S, et al. Externally assembled gate-all-around carbon nanotube field-effect transistor. Electron Device Letters IEEE, 2008, 29(2): 183-185.

[32] Nan C W, Liu G, Lin Y H, et al. Interface effect on thermal conductivity of carbon nanotube composites. Applied Physics Letters, 2004, 85(16): 3549-3551.

[33] 侯泉文, 曹炳阳, 过增元. 碳纳米管的热导率: 从弹道到扩散输运. 物理学报, 2009, 58(11): 7809-7814.

[34] 凌涛, 范守善. 碳纳米管储氢. 真空科学与技术, 2001, 21(5): 372-375.

[35] Reddy A L M, Ramaprabhu S. Design and fabrication of carbon nanotube-based microfuel cell and fuel cell stack coupled with hydrogen storage device. International Journal of Hydrogen Energy, 2007, 32(17): 4272-4278.

[36] Hsieh C T, Chu Y W, Lin J Y. Fabrication and electrochemical activity of Ni-attached carbon nanotube electrodes for hydrogen storage in alkali electrolyte.

International Journal of Hydrogen Energy, 2007, 32(15): 3457-3464.

[37] Ren J W, Liao S J, Liu J M. $MNi_{4.8}Sn_{0.2}$(M=La, Nd)-supported multi-walled carbon nanotube composites as hydrogen storage materials. Chinese Science Bulletin, 2007, 52(12): 1616-1622.

[38] Cao D P, Wang W C. Storage of hydrogen in single-walled carbon nanotube bundles with optimized parameters: effect of external surfaces. International Journal of Hydrogen Energy, 2007, 32(12): 1939-1942.

[39] Dumitrica T, Belytschko T, Yakobson B I. Bond-breaking bifurcation states in carbon nanotube fracture. Journal of Chemical Physics, 2003, 118(21): 9485-9488.

[40] 陈明君, 李洪珠, 李旦. 碳纳米管力学行为研究的新进展. 机械工程学报, 2005, 41(3): 18-24.

[41] Mcintosh D, Khabashesku V N, Barrera E V. Benzoyl peroxide initiated in situ functionalization, processing, and mechanical properties of single-walled carbon nanotube-polypropylene composite fibers. Journal of Physical Chemistry C, 2007, 111(4): 1592-1600.

[42] Spinks G M, Mottaghitalab V, Bahrami-Saniani M, et al. Carbon-nanotube-reinforced polyaniline fibers for high-strength artificial muscles. Advanced Materials, 2006, 18(5): 637-640.

[43] Barber A H, Cohen S R, Wagner H D. Measurement of carbon nanotube-polymer interfacial strength. Applied Physics Letters, 2003, 82(23): 4140-4142.

[44] Ajayan P M, Schadler L S, Giannaris C, et al. Single-walled carbon nanotube-polymer composites: strength and weakness. Advanced Materials, 2000, 12(10): 750-753.

[45] Kroto H W, Heath J R, O'Brien S C, et al. C_{60}: buckminsterfullerene. Nature, 1985, 318(6042): 162-163.

[46] Bulusheva L G, Okotrub A V, Asanov I P, et al. Comparative study on the electronic structure of arc-discharge and catalytic carbon nanotubes. The Journal of Physical Chemistry B, 2001, 105(21): 4853-4859.

[47] Cassell A M, Scrivens W A, Tour J M. Graphite electrodes containing nanometer-sized metal particles and their use in the synthesis of single-walled carbon nanotube composites. Chemistry of Materials, 1996, 8(7): 1545-1549.

[48] Saito Y, Tani Y, Kasuya A. Diameters of single-wall carbon nanotubes depending on helium gas pressure in an arc discharge. The Journal of Physical Chemistry B, 2000, 104(11): 2495-2499.

[49] Huang H, Marie J, Kajiura H, et al. Improved oxidation resistance of single-walled carbon nanotubes produced by arc discharge in a bowl-like cathode. Nano Letters, 2002, 2(10): 1117-1119.
[50] Li H, Guan L, Shi Z, et al. Direct synthesis of high purity single-walled carbon nanotube fibers by arc discharge. Journal of Physical Chemistry B, 2004, 108(15): 4573-4575.
[51] Saito Y, Nakahira T, Uemura S. Growth conditions of double-walled carbon nanotubes in arc discharge. Journal of Physical Chemistry B, 2003, 107(4): 931-934.
[52] Sugai T, Yoshida H, Shimada T, et al. New synthesis of high-quality double-walled carbon nanotubes by high-temperature pulsed arc discharge. Nano Letters, 2003, 3(6): 769-773.
[53] Itkis M E, Perea D E, Niyogi S, et al. Optimization of the Ni-Y catalyst composition in bulk electric arc synthesis of single-walled carbon nanotubes by use of near-infrared spectroscopy. Journal of Physical Chemistry B, 2004, 108(34): 12770-12775.
[54] Zhu H W, Jiang B, Xu C I, et al. Synthesis of high quality single-walled carbon nanotube silks by the arc discharge technique. Journal of Physical Chemistry B, 2003, 107(27): 6514-6518.
[55] Yu C, Shi L, Yao Z, et al. Thermal conductance and thermopower of an individual single-wall carbon nanotube. Nano Letters, 2005, 5(9): 1842-1846.
[56] Li H D, Yue K T, Lian Z L, et al. Temperature dependence of the raman spectra of single-wall carbon nanotubes. Applied Physics Letters, 2000, 76(15): 2053-2055.
[57] 姚明光, 刘冰冰, 邹永刚, 等. Ho/Ni 作为催化剂合成单壁碳纳米管. 新型炭材料, 2006, 21(1): 70-74.
[58] Udasaka M, Komatsu T, Ichihashi T, et al. Pressure dependence of the structures of carbonaceous deposits formed by laser ablation on targets composed of carbon, nickel, and cobalt. Journal of Physical Chemistry B, 1998, 102(25): 4892-4896.
[59] Guo T, Nikolaev P, Rinzler A G, et al. Self-assembly of tubular fullerenes. Journal of Physical Chemistry B, 1995, 99(27): 10694-10697.
[60] Wang X K, Lin X W, Dravid V P, et al. Carbon nanotubes synthesized in a hydrogen arc discharge. Applied Physics Letters, 1995, 66(18): 2430-2432.
[61] Thess A, Lee R, Nikolaev P, et al. Crystalline ropes of metallic carbon

nanotubes. Science, 1996, 273(5274): 483-487.

[62] Yacaman M J, Yoshida M M, Rendon L. Catalytic growth of carbon microtubules with fullerence structure. Applied Physics Letters, 1993, 62(6): 657-659.

[63] Lyu S C, Liu B C, Lee S H, et al. Large-scale synthesis of high-quality single-walled carbon nanotubes by catalytic decomposition of ethylene. Journal of Physical Chemistry B, 2004, 108(5): 1613-1616.

[64] Mizuno K, Hata K, Saito T, et al. Selective matching of catalyst element and carbon source in single-walled carbon nanotube synthesis on silicon substrates. Journal of Physical Chemistry B, 2005, 109(7): 2632-2637.

[65] Endo M, Takeuchi K, Igarashi S, et al. The production and structure of pyrolytic carbon nanotubes (PCNTs). Journal of Physics and Chemistry of Solids, 1993, 54(12): 1841-1848.

[66] Dai H, Wong W, Liu Y, et al. Synthesis and characterization of carbide nanorods. Nature, 1995, 375: 769-772.

[67] Lyu S C, Liu B C, Lee C J, et al. High-quality double-walled carbon nanotubes produced by catalytic decomposition of benzene. Chemistry of Materials, 2003, 15(20): 3951-3954.

[68] Diener M D, Nichelson N, Alford J M. Synthesis of single-walled carbon nanotubes in flames. Journal of Physical Chemistry B, 2000, 104(41): 9615-9620.

[69] Che G, Lakshmi B B, Martin C R, et al. Chemical vapor deposition based synthesis of carbon nanotubes and nanofibers using a template method. Chemistry of Materials, 1998, 10(1): 260-267.

[70] Zheng F, Liang L, Gao Y, et al. Carbon nanotube synthesis using mesoporous silica templates. Nano Letters, 2002, 2(7): 729-732.

[71] Cassell A M, Verma S, Delzeit L, et al. Combinatorial optimization of heterogeneous catalysts used in the growth of carbon nanotubes. Langmuir, 2001, 17(2): 260-264.

[72] Kim W, Choi H C, Shim M, et al. Synthesis of ultralong and high percentage of semiconducting single-walled carbon nanotubes. Nano Letters, 2002, 2(7): 703-708.

[73] Li Q, Hao Y, Li X, et al. High-density growth of single-wall carbon nanotubes on silicon by fabrication of nanosized catalyst thin films. Chemistry of Materials, 2002, 14(10): 4262-4266.

[74] Wang X, Lu J, Xie Y, et al. A novel route to multiwalled carbon nanotubes and carbon nanorods at low temperature. Journal of Physical Chemistry B, 2002, 106(5): 933-937.

[75] Liao H, Hafner J H. Low-temperature single-wall carbon nanotube synthesis by thermal chemical vapor deposition. Journal of Physical Chemistry B, 2004, 22(108): 6941-6943.

[76] 邓祥义, 左小华. 催化化学气相沉积法合成单壁纳米碳管的研究进展. 化学与生物工程, 2008, 25(9): 5-7.

[77] 李颖, 李轩科, 刘朗. 不同原料气催化热解法制备碳纳米管的研究. 新型炭材料, 2004, 19(4): 298-302.

[78] Rao A M, Richter E, Bandow S, et al. Diameter-selective raman scattering from vibrational modes in carbon nanotubes. Science, 1997, 275(5297): 187-191.

[79] Hou H, Schaper A K, Weller F, et al. Carbon nanotubes and spheres produced by modified ferrocene pyrolysis. Chemistry of Materials, 2002, 14(9): 3990-3994.

[80] Sen R, Govindaraj A, Rao C N R. Metal-filled and hollow carbon nanotubes obtained by the decomposition of metal-containing free precursor molecules. Chemistry of Materials, 1997, 9(10): 2078-2081.

[81] Huang S, Cai X, Du C, et al. Oriented long single walled carbon nanotubes on substrates from floating catalysts. Journal of Physical Chemistry B, 2003, 107(28): 13251-13254.

[82] 朱华. 碳纳米管的制备方法研究进展. 江苏陶瓷, 2008, 41(4): 20-22.

[83] Riggs J E, Guo Z, Carroll D L, et al. Strong luminescence of solubilized carbon nanotubes. Journal of the American Chemical Society, 2000, 122(24): 5879-5880.

[84] Motiei M, Hachoen Y R, Caldeorn M J. Preparing carbon nanotubes and nested fullerenes from supercritical CO_2 by a chemical reaction. Journal of the American Chemical Society, 2001, 123(35): 8624-8625.

[85] Hsin Y L, Hwnag K C, Chen F R, et al. Production and in-situ metal filling of carbon nanotubes in water. Advanced Materials, 2001, 13(11): 830-833.

[86] Ago H, Ohshima S, Uchida K, et al. Gas-phase synthesis of single-wall carbon nanotubes from colloidal solution of metal nanoparticles. Journal of Physical Chemistry B, 2001, 105(43): 10453-10456.

[87] 王倩倩, 颜红侠, 李朋博, 等. 碳纳米管的纯化、性能及应用. 化学工业与

工程, 2010, 27(3): 259-265.

[88] 杨占红, 吴浩青, 李晶, 等. 碳纳米管的纯化-电化学氧化法. 高等学校化学学报, 2001, 22(3): 446-449.

[89] Tsang S C, Chen Y K, Harris P J F, et al. A simple chemical method of opening and filling carbon nanotunes. Nautre, 1994, 372: 159-162.

[90] Ando Y, Zhao X, Shimoyama H. Structure analysis of purified multiwalled carbon nanotubes. Carbon, 2001, 39(4): 569-574.

[91] Miozguti E, Nihey F, Yudaska M, et al. Purification of single-wall carbon nanotubes by using ultrafine gold particles. Chemical Physics Letters, 2000, 321(3-4): 297-301.

[92] Nagasawa S, Yudasaka M, Hirahara K, et al. Effect of oxidation on single-wall carbon nanotubes. Chemical Physics Letters, 2000, 328(4-6): 374-380.

[93] Anderws R, Jacques D, Qina D, et al. Purification and structural annealing of multiwalled carbon nanotubes at graphitization temperatures. Carbon, 2001, 39(11): 1681-1687.

[94] 唐玉生, 顾军渭, 孔杰. 多壁碳纳米管(MW-CNTs)表面纯化改性研究. 西安石油大学学报(自然科学版), 2009, 24(1): 67-71.

[95] Yang C H, Tan Z A, Fan B H, et al. An electrogenerated chemical-oxidation-driving nonvolatile plastic memory device with the conjugated polymer/carbon nanotube blend. Electrochemical and Solid State Letters, 2007, 10(8): 19-22.

[96] Goh H W, Goh S H, Xu G Q, et al. Optical limiting properties of double-C_{60}-end-capped poly(ethylene oxide), double-C_{60}-end-capped poly(ethylene oxide)/poly(ethylene oxide) blend, and double-C_{60}-end-capped poly(ethylene oxide)/multiwalled carbon nanotube composite. Journal of Physical Chemistry B, 2003, 107(25): 6056-6062.

[97] Satishkumar B C, Vogl E M, Govindaraj A, et al. The decoration of carbon nanotubes by metal nanoparticles. Journal of Physics D: Applied Physics, 1996, 29(12): 3173-3176.

[98] Chen X H, Xia J T, Peng J C, et al. Carbon-nanotube metal-matrix composites prepared by electroless plating. Composites Science and Technology, 2000, 60(2): 301-306.

[99] Hanasaki I, Nakamura A, Yonebayashi T, et al. Structure and stability of water chain in a carbon nanotube. Journal of Physics: Condensed Matter, 2008, 20(1): 1-7.

[100] Christofilos D, Arvanitidis J, Efthimiopoulos E, et al. Tube encapsulation

effects in various carbon nanotube systems. Physica Status Solidi B: Basic Solid State Physics, 2007, 244(11): 4082-4085.

[101] Ding F, Rosen A, Campbell E E B, et al. Graphitic encapsulation of catalyst particles in carbon nanotube production. Journal of Physical Chemistry B, 2006, 110(15): 7666-1670.

[102] Kim G, Kim Y, Ihm J. Encapsulation and polymerization of acetylene molecules inside a carbon nanotube. Chemical Physics Letters, 2005, 416(4-6): 279-282.

[103] Ma Y C, Xia Y Y, Zhao M W, et al. Collisions of deuterium and tritium atoms with single-wall carbon nanotube: Adsorption, encapsulation, and healing. Physics Letters A, 2001, 288(3-4): 207-213.

[104] Xu G D, Zhu B, Han Y, et al. Covalent functionalization of multi-walled carbon nanotube surfaces by conjugated polyfluorenes. Polymer Composites, 2007, 48(26): 7510-7515.

[105] Ma P C, Kim J K, Tang B Z. Effects of silane functionalization on the properties of carbon nanotube/epoxy nanocomposites. Composites Science and Technology, 2007, 67(14): 2965-2972.

[106] Yu P, Yan J, Zhao H, et al. Rational functionalization of carbon nanotube/ionic liquid bucky gel with dual tailor-made electrocatalysts for four-electron reduction of oxygen. Journal of Physical Chemistry C, 2008, 112(6): 2177-2182.

[107] Kurppa K, Jiang H, Szilvay G R, et al. Controlled hybrid nanostructures through protein-mediated noncovalent functionalization of carbon nanotube. Angewandte Chemie International Edition, 2007, 46(34): 6446-6449.

[108] Grujicic M, Sun Y P, Koudela K L. The effect of covalent functionalization of carbon nanotube reinforcements on the atomic-level mechanical properties of poly-vinyl-ester-epoxy. Applied Surface Science, 2007, 253(6): 3009-3021.

[109] Kitano H, Tachimoto K, Anraku Y. Functionalization of single-walled carbon nanotube by the covalent modification with polymer chains. Journal of Colloid and Interface Science, 2007, 306(1): 28-33.

[110] Parekh B B, Fanchini G, Eda G, et al. Improved conductivity of transparent single-wall carbon nanotube thin films via stable postdeposition functionalization. Applied Physics Letters, 2007, 90(12): 1-3.

[111] Liu J, Rinzler A G, Dai H, et al. Fullerene pipes. Science, 1998, 280(5376): 1253-1256.

[112] Shi Z, Lian Y, Zhou X, et al. Single-wall carbon nanotube colloids in polar solvents. Chemical Communications, 2000, (6): 461-462.

[113] Kovtyukhova N I, Mallouk T E, Pan L, et al. Individual single-walled nanotubes and hydrogels made by oxidative exfoliation of carbon nanotube ropes. Journal of the American Chemical Society, 2003, 125(32): 9761-9769.

[114] Sun Y P, Huang W, Lin Y, et al. Soluble dendron-functionalized carbon nanotubes: Preparation, characterization, and properties. Chemistry of Materials, 2001, 13(9): 2864-2869.

[115] Pompeo F, Resasco D E. Water solubilization of single-walled carbon nanotubes by functionalization with glucosamine. Nano Letters, 2002, 2(4): 369-373.

[116] Nguyen C V, Delzeit L, Cassell A M, et al. Preparation of nucleic acid functionalized carbon nanotube arrays. Nano Letters, 2002, 2(10): 1079-1081.

[117] Chen J, Hamon M A, Hu H, et al. Solution properties of single-walled carbon nanotubes. Science, 1998, 282(5386): 95-98.

[118] Chen Y, Haddon R C, Fang S, et al. Chemical attachment of organic functional groups to single-walled carbon nanotube material. Journal of Materials Research, 1998, 13(9): 2423-2431.

[119] Pekker S, Salvetat J P, Jakab E, et al. Hydrogenation of carbon nanotubes and graphite in liquid ammonia. Journal of Physical Chemistry B, 2001, 105(33): 7938-7943.

[120] Mickelson E T, Huffman C B, Rinzler A G, et al. Fluorination of single-wall carbon nanotubes. Chemical Physics Letters, 1998, 296(1-2): 188-194.

[121] Boul P J, Liu J, Mickelson E T, et al. Reversible sidewall functionalization of buckytubes. Chemical Physics Letters, 1999, 310(3-4): 367-372.

[122] Bahr J L, Yang J, Kosynkin D V, et al. Functionalization of carbon nanotubes by electrochemical reduction of aryl diazonium salts: A bucky paper electrode. Journal of the American Chemical Society, 2001, 123(27): 6536-6542.

[123] Ajayan P M, Stephan O, Colliex C, et al. Aligned carbon nanotube arrays formed by cutting a polymer resin——nanotube composite. Science, 1994, 265(5176): 1212-1214.

[124] Kong H, Li W W, Gao C, et al. Poly(*N*-isopropylacrylamide)-coated carbon nanotubes: Temperature-sensitive molecular nanohybrids in water. Macromolecules, 2004, 37(18): 6683-6686.

[125] Andrews R, Weisenberger M C. Carbon nanotube polymer composites.

Current Opinion in Solid State & Materials Science, 2004, 8(1): 31-37.

[126] Liu T, Phang I Y, Shen L, et al. Morphology and mechanical properties of multiwalled carbon nanotubes reinforced nylon-6 composites. Macromolecules, 2004, 37(19): 7214-7222.

[127] Kumar S, Doshi H, Srinivasarao M, et al. Fibers from polypropylene/nano carbon fiber composites. Polymer, 2002, 43(5): 1701-1703.

[128] Biercuk M J, Llaguno M C, Radosavljevic M, et al. Carbon nanotube composites for thermal management. Applied Physics Letters, 2002, 80(15): 2767-2769.

[129] 陈利, 瞿美臻, 王贵欣, 等. 溶液共混法制备碳纳米管/双酚 A 型聚碳酸酯复合物的研究. 功能材料, 2005, 36(1): 139-141.

[130] Bower C, Rosen R, Jin L, et al. Deformation of carbon nanotubes in nanotube-polymer composites. Applied Physics Letters, 1999, 74(22): 3317-3319.

[131] Fan J, Wan M, Zhu D, et al. Synthesis, characterizations, and physical properties of carbon nanotubes coated by conducting polypyrrole. Applied of Polymer Science, 1999, 74(11): 2065-2074.

[132] Woo H S, Czerw R, Webster S, et al. Hole blocking in carbon nanotube-polymer composite organic light-emitting diodes based on poly (m-phenylene vinylene-co-2,5-dioctoxy-p-phenylene vinylene). Applied Physics Letters, 2000, 77: 1393-1402.

[133] 王志苗, 白世河, 张兴祥, 等. 溶液共混法制备碳纳米管/尼龙 66 复合材料及其性能. 复合材料学报, 2010, 27(1): 12-17.

[134] 赵东宇, 金政, 宿凯, 等. 碳纳米管/聚苯胺复合材料的制备及电性能. 高分子材料科学与工程, 2010, 26(5): 133-135.

[135] 张靖宗, 纪全, 夏延致, 等. 碳纳米管/聚对苯二甲酸乙二酯纳米复合材料热降解动力学. 高分子科学与工程, 2010, 26(1): 73-76.

[136] Jia Z, Wang Z, Xu C, et al. Study on poly (methyl methacrylate) / carbon nanotube composites. Materials Science and Engineering A, 1999, 271(1-2): 395-400.

[137] Wagner H D, Lourie O, Feldman Y, et al. Stress-induced fragmentation of multiwall carbon nanotubes in a polymer matrix. Applied Physics Letters, 1998, 72(2): 188-190.

[138] Shim M, Javey A, Kam N W S, et al. Polymer functionalization for air-stable n-type carbon nanotube field-effect transistors. Journal of the American

Chemical Society, 2001, 123(46): 11512-11513.

[139] You Y Z, Hong C Y, Pan C Y. Covalently immobilizing a biological molecule onto a carbon nanotube via a stimuli-sensitive bond. Journal of Physical Chemistry C, 2007, 111(44): 16161-16166.

[140] Bertoncello P, Notargiacomo A, Erokhin V, et al. Functionalization and photoelectrochemical characterization of poly [3-3'(vinylcarbazole)] multi-walled carbon nanotube (PVK-MWNT) Langmuir-Schaefer films. Nanotechnology, 2006, 17(3): 699-705.

[141] Kong H, Gao C, Yan D Y. Constructing amphiphilic polymer brushes on the convex surfaces of multi-walled carbon nanotubes by in situ atom transfer radical polymerization. Journal of Materials Chemistry, 2004, 14(9): 1401-1405.

[142] Kong H, Gao C, Yan D Y. Functionalization of multiwalled carbon nanotubes by atom transfer radical polymerization and defunctionalization of the products. Macromolecules, 2004, 37(11): 4022-4030.

[143] Kong H, Gao C, Yan D Y. Controlled functionalization of multiwalled carbon nanotubes by *in situ* atom transfer radical polymerization. Journal of the American Chemical Society, 2004, 126(2): 412-413.

[144] Chen G X, Kim H S, Park B H, et al. Controlled functionalization of multiwalled carbon nanotubes with various molecular-weight poly(L-lactic acid). Journal of Physical Chemistry B, 2005, 109(47): 22237-22243.

[145] 陈利, 瞿美臻, 王贵欣, 等. 含碳纳米管的聚合物复合材料研究进展. 高分子材料科学与工程, 2004, 20(5): 46-49.

[146] Qian D, Dickey E C, Andrews R, et al. Load transfer and deformation mechanisms in carbon nanotube-polystyrene composites. Applied Physics Letters, 2000, 76(20): 2868-2870.

[147] 余颖, 曾艳, 张丽莎, 等. 碳纳米管对三元乙丙橡胶性能的影响. 弹性体, 2002, 12(6): 1-4.

[148] Sun X, Yu R Q, Xu G Q, et al. Broadband optical limiting with multiwalled carbon nanotubes. Applied Physics Letters, 1998, 73(25): 3632-3634.

[149] Jin Z, Sun X, Xu G, et al. Nonlinear optical properties of some polymer/muti-walled carbon nanotube composites. Chemical Physics Letters, 2000, 318(6): 505-510.

[150] Kang S C, Chung D W. The synthesis and frictional properties of lubricant-impregnated cast nylons. Wear, 2000, 239(2): 244-250.

[151] 金国珍. 工程塑料. 1 版. 北京: 北京工业出版社, 2001.
[152] 福本. 聚酰胺树脂手册. 北京: 化学工业出版社, 1994.
[153] Mei Z, Chung D D L. Thermal history of carbon-fiber polymer-matrix composite, evaluated by electrical resistance measurement. Thermochimica Acta, 2001, 369(1-2): 87-93.
[154] 李小宁, 董墨林. MC 尼龙/碳纤维复合材料的制备. 合成纤维工业, 1998, 21(5): 22-23.
[155] 张士华, 陈光, 崔崇. MC 尼龙蒙脱土纳米复合材料的制备与表征. 高分子材料科学与工程, 2010, 26(7): 114-117.
[156] 程晓春, 姚成. 十二内酰胺改性铸型尼龙的研究. 南京师范大学学报, 2004, 4(4): 61-63.
[157] Petmv P, Mateva R, Dimitroy R. Structure and thermol behavior of nylon 6/polytetrahydrofuran triblock copolymers obtained via anionic polymertization. Journal of Applied Polymer Science, 2002, 84(3): 1448-1456.
[158] Jones A T, Aizlewood J M, Beckett D R. Crystalline forms of isotactic polypropylene. Makromolekulare Chemie, 1964, 75(1): 134-158.
[159] Padden F J, Keith H D. Spherulitic crystallization in polypropylene. Journal of Applied Physics, 1959, 30(10): 1479-1484.
[160] Keith H D, Padden F J, Walter N M, et al. Evidence for a second crystal form of polypropylene. Journal of Applied Physics, 1959, 30(10): 1485-1488.
[161] Bruckner S, Meille S V, Petraccone V, et al. Polymorphism in isotactic polypropylene. Progress in Polymer Science, 1991, 16(2-3): 361-404.
[162] Lotz B, Wittmann J C, Lovinger A J. Structure and morphology of poly(propylenes): A molecular analysis. Polymer, 1996, 37(22): 4979-4992.
[163] Fujiwara Y. Das doppelschmelzverhalten der β-phase des isotaktischen polypropylens. Colloid and Polymer Science, 1975, 253(4): 273-282.
[164] Lovinger A J, Chua J O, Gryte C C. Studies on the α and β forms of isotactic polypropylene by crystallization in a temperature gradient. Journal of Polymer Science: Polymer Physics Edition, 1977, 15(4): 641-656.
[165] Leugering H J, Kirsch G. Beeinflussung der kristallstruktur von isotaktischem polypropylen durch kristallisation aus orientierten schmelzen. Angewandte Makromolekulare Chemie, 1973, 33(1): 17-23.
[166] Varga J, Karger-Kocsis J. Rules of supermolecular structure formation in sheared isotactic polypropylene melts. Journal of Polymer Science Part B: Polymer Physics, 1996, 34(4): 657-670.

[167] Somani R H, Hsiao B S, Nogales A. Structure development during shear flow Induced crystallization of i-PP: in situ wide-angle X-ray diffraction study. Macromolecules, 2001, 34(17): 5902-5909.

[168] Leugering H J. Einfluß der kristallstruktur und der überstruktur auf einige eigenschaften von polypropylen. Makromolekulare Chemie, 1967, 109(1): 204-216.

[169] Li J X, Cheung W L, Jia D. A study on the heat of fusion of β-polypropylene. Polymer, 1999, 40(5): 1219-1222.

[170] Li J X, Cheung W L. Conversion of growth and recrystallisation of β-phase in doped iPP. Polymer, 1999, 40(8): 2085-2088.

[171] Ferro D R, Meille S V, Brückner S. Energy calculations for isotactic polypropylene: A contribution to clarify the β crystalline structure. Macromolecules, 1998, 31(20): 6926-6934.

[172] Varga J, Mudra I, Ehrenstein G W. Highly active thermally stable β-nucleating agents for isotactic polypropylene. Journal of Applied Polymer Science, 1999, 74(10): 2357-2368.

[173] Mathieu C, Thierry A, Wittmann J C, et al. Specificity and versatility of nucleating agents toward isotactic polypropylene crystal phases. Journal of Polymer Science Part B: Polymer Physics, 2002, 40(22): 2504-2515.

[174] Shi G, Zhang X, Qiu Z. Crystallization kinetics of β-phase poly(propylene). Makromolekulare Chemie, 1992, 193(3): 583-591.

[175] Shi G, Chang X, Cao Y, et al. Melting behavior and crystalline order of β-crystalline phase poly(propylene). Makromolekulare Chemie, 1993, 194(1): 269-277.

[176] Chen H B, Karger-Kocsis J, Wu J S, et al. Fracture toughness of α- and β-phase polypropylene homopolymers and random- and block-copolymers. Polymer, 2002, 43(24): 6505-6514.

[177] Karger-Kocsis J, Varga J. Effects of β-α transformation on the static and dynamic tensile behavior of isotactic polypropylene. Journal of Applied Polymer Science, 1996, 62(2): 291-300.

[178] Meille S V, Brückner S. Non-parallel chains in crystalline γ-isotactic polypropylene. Nature, 1989, 340(6233): 455-457.

[179] Norton D R, Keller A. The spherulitic and lamellar morphology of melt-crystallized isotactic polypropylene. Polymer, 1985, 26(5): 704-716.

[180] Jin Y, Hiltner A, Baer E, et al. Formation and transformation of smectic

polypropylene nanodroplets. Journal of Polymer Science Part B: Polymer Physics, 2006, 44(13): 1795-1803.

[181] 胡海东, 王雅珍, 马立群, 等. 丙烯腈溶液接枝聚丙烯的研究. 齐齐哈尔大学学报, 2004, 20(3): 10-12.

[182] 黎勇, 刘春盛, 胡福增, 等. 聚丙烯接枝改性及其挤出发泡研究. 功能高分子学报, 2004, 17(3): 429-435.

[183] Li Y, Xie X M. Study on strene-assisted melted free-radical grafting of maleic anhydride onto polypropylene. Polymer, 2001, 42(8): 3419-3425.

[184] Berzin F. Modeling of peroxide initiated controlled degradation of polypropylene in a twin screw extruder. Polymer Engineering and Science, 2000, 40(2): 344-346.

[185] 张广平. PP 连续固相接枝 MAH. 塑料工业, 2002, 30(2): 17-19.

[186] 刘华彦, 杨阿三, 陈银飞, 等. 内循环撞击流反应器中聚丙烯固相接枝共聚改性研究. 浙江工业大学学报, 2004, 32(4): 423-427.

[187] 杨明莉, 任建敏, 龙英. 水悬浮自搅拌体系中MAH接枝PP的合成. 化工学报, 2002, 53(5): 513-516.

[188] 徐建平, 邓健, 张雪琴. PP超声波溶胀悬浮接枝聚丙烯. 江苏石油化工学院学报, 2002, 14(1): 8-9.

[189] 熊茂林, 张丽叶, 田苗. Co-γ 辐射改性法制备高熔体强度 PP. 中国塑料, 2002, 16(1): 19-22.

[190] Yazdani P M, Vega H, Quijada R. Melt functionallzation of polypropylene with mehtyl esters of itaconic acid. Polymer, 2001, 33(10): 4751-4758.

[191] 梁玉蓉, 谭英杰. PP 交联改性的研究. 沈阳化工学院学报, 2002, 16(1): 18-21.

[192] Zhu W, Zhang G, Yu J, et al. Crystallization behavior and mechanical properties of polypropylene copolymer by in situ copolymerization with a nucleating agent and/or nano-calcium carbonate. Journal of Applied Polymer Science, 2004, 91(1): 431-438.

[193] García-López D, Merino J C, Pastor J M. Influence of the $CaCO_3$ nanoparticles on the molecular orientation of the polypropylene matrix. Journal of Applied Polymer Science, 2003, 88(4): 947-952.

[194] Hattotuwa G, Premalal H. Comparison of the mechanical properities of rice husk powder filled polypropylene composites with talc filled polypropylene composites. Polymer Testing, 2002, 21(8): 833-839.

[195] 张国立, 苑志伟, 刘玉春. 木粉高填充改性聚丙烯再生料的研究. 中国塑

料, 2000, 14(9): 58-61.

[196] Fu B X, Yang L, Somani R H, et al. Crystallization studies of isotactic polypropylene containing nanostructured polyhedral oligomeric silsesquioxane molecules under quiescent and shear conditions. Journal of Polymer Science Part B: Polymer Physics, 2001, 39(22): 2727-2739.

[197] Thomas S E, Josephs D A. Thermal and mechanical properties of a polypropylene nanocomposite. Journal of Applied Polymer Science, 2003, 90(6): 1639-1647.

[198] Wang W, Fu M, Qu B. Mechanical properties and structural characteristics of PP/PP-g-SBR nanocomposites prepared by dynamical photografting. Polymers for Advanced Technologies, 2004, 15(8): 467-471.

[199] Hristov V, Lach R, Krumova M, et al. Fracture toughness of modified polypropylene/poly(styrene-ran-butadiene) blends. Polymer International, 2005, 54(12): 1632-1640.

[200] 贺燕, 张辉平, 徐端夫. PE/PP 共混物卷丝微观结构的研究. 合成纤维工业, 2003, 26(2): 6-8.

[201] HongY, Zhang X, Qu C. Largely improved toughness ofPP/EPDM blends by adding nano-SiO_2 particles. Polymer, 2007, 48: 860-869.

[202] 毕海峰, 张玉梅, 王化平. EM 改性 PP 纤维的电屏蔽性能研究. 纺织学报, 2001, 22(6): 363-369.

[203] 王艳忠, 黄素萍, 龚静华. 荧光防伪 PP 纤维的制备及其特性研究. 合成纤维, 2001, 30(5): 28-30.

[204] 曹堃, 王开立, 姚臻. 聚磷酸铵的改性及其对聚丙烯阻燃特性的研究. 高分子材料科学与工程, 2007, 23(4): 136-139.

[205] Valentini L, Biagiotti J, Kenny J M, et al. Effects of single-walled carbon naotube on the crystallization behavior of polypropylene. Journal of Applied Polymer Science, 2003, 87(4): 708-713.

[206] Valentini L, Biagiotti J, Kenny J M, et al. Physical and mechanical behavior of single-walled carbon naotube/polypropylene/ethylene-propylene-diene rubber nanocomposites. Journal of Applied Polymer Science, 2003, 89(10): 2657-2663.

[207] Assouline E, Lustiger A, Barber A H, et al. Nucleation ability of mutiwall carbon nanotubes in polypropylene composites. Journal of Polymer Science Part B: Polymer Physics, 2003, 41(5): 520-527.

[208] Jacob C K, Robert L S. Polypropylene fibers reinforced with carbon

nanotubes. Journal of Polymer Science Part B: Polymer Physics, 2002, 86(8): 2079-2084.

[209] 贾志杰, 王正元, 徐才录, 等. 原位法制取碳纳米管/尼龙 6 复合材料. 清华大学学报(自然科学版), 2000, 40(4): 14-16.

[210] 王平华, 杨莺, 刘春华, 等. 碳纳米管/PA6 纳米复合材料的制备及力学性能. 高分子材料科学与工程, 2008, 24(11): 21-24.

[211] Hay J N, Przekop Z J. Extensions of the Avrami equation to various polymer crystallization models. Journal of Polymer Sciene: Polymer Physics Edition, 1979, 17(6): 951-959.

[212] Galeski A. Computer simulation of two-dimensional spherulite growth. Journal of Polymer Science: Polymer Physics Edition, 1981, 19(5): 721-730.

[213] Galeski A, Piórkowska E. Computer simulation of three-dimensional spherulite growth. Journal of Polymer Science: Polymer Physics Edition, 1981, 19(5): 731-741.

[214] Billon N, Escleine J M, Haudin J M. Isothermal crystallization kinetics in a limited volume. A geometrical approach based on Evans' theory. Colloid and Polymer Science, 1989, 267(8): 668-680.

[215] Piorkowska E. Modeling of crystallization kinetics in fiber reinforced composites. Macromolecular Symposia, 2001, 169(1): 143-148.

[216] Zhang Z, Xiao C, Dong Z. Comparison of the Ozawa and modified Avrami models of polymer crystallization under nonisothermal conditions using a computer simulation method. Thermochimica Acta, 2007, 466(1-2): 22-28.

[217] Doye J P K. Computer simulations of the mechanism of thickness selection in polymer crystals. Polymer, 2000, 41(25): 8857-8867.

[218] Bresme F, Cámara L G. Computer simulation studies of crystallization under confinement conditions. Chemical Geology, 2006, 230(3-4): 197-206.

[219] Ketdee S, Anantawaraskula S. Simulation of crystallization kinetics and morphological development during isothermal crystallization of polymers: Effect of number of nuclei and growth rate. Chemical Engineering Communications, 2008, 195(11): 1315-1327.

[220] Lin J X, Wang C Y, Zheng Y Y. Prediction of isothermal crystallization parameters in monomer cast nylon 6. Computers and Chemical Engineering, 2008, 32(12): 3023-3029.

[221] 周应国, 申长雨, 陈静波. 半结晶性聚合物熔体冷却过程双尺度模拟. 北

京科技大学学报, 2007, 29(2): 187-191.

[222] 董知之, 张志英, 韩熠. 高聚物非等温结晶过程的 Monte Carlo 法模拟. 天津工业大学学报, 2004, 23(4): 71.

[223] 陈健美, 周卓夫, 唐建国, 等. 一种考虑晶界能各向异性模拟晶粒长大的 Monte Carlo 方法. 材料导报, 2003, 17(8): 77-79.

[224] Zhang J R, Zhang J, Lok T M, et al. A hybrid particle swarm optimization-back-propagation algorithm for feedforward neural network training. Applied Mathematics and Computation, 2007, 185(2): 1026-1037.

[225] 杨燕, 靳蕃, Kamel M. 微粒群优化算法研究现状及其进展. 计算机工程, 2004, 30(21): 3-4.

[226] 谢晓锋, 张文俊, 杨之廉. 微粒群算法综述. 控制与决策, 2003, 18(2): 129-133.

[227] 杨昱, 赵昕, 张清华. 表面接枝 TDI 碳纳米管/聚氨酯复合材料的研制. 化工新型材料, 2009, 37(7): 53.

[228] 王灿耀, 郑玉婴. 光谱法研究MC尼龙6/芳纶复合材料的结构. 光谱学与光谱分析, 2008, 28(1): 94-97.

[229] Mohammadian-Gezaz S, Ghasemi I, Oromiehie A. Preparation of anionic polymerized polyamide 6 using internal mixer: the effect of styrene maleic anhydride as a macroactivator. Polymer Testing, 2009, 28(5): 534-542.

[230] 张兴芳, 李齐方. 高分子科学实验. 北京: 化学工业出版社, 2007: 152-155.

[231] 谷李华, 王玉林, 万雪飞. 碳纤维增强 MC 尼龙复合材料吸湿行为研究. 工程塑料应用, 2005, 33(2): 45-48.

[232] Sayyed M M, Maldar N N. Novel poly (arylene-ether-ether-ketone)s containing preformed imide unit and pendant long chain alkyl group. Materials Science and Engineering: B, 2010, 168(1): 164-170.

[233] 吴人洁. 高聚物的表面与界面. 北京: 科学出版社, 1998: 89.

[234] 金邦坤, 季明荣, 杨碚芳, 等. 聚酰亚胺 LB 膜热解制备 SiC 薄膜的 XPS 研究. 高分子学报, 2002, (2): 208-212.

[235] 张福华, 王荣国, 赫晓东, 等. 1,6-己二胺化学修饰多壁碳纳米管. 新型炭材料, 2009, 24(4): 369-374.

[236] Yang X, Deng B, Liu Z, et al. Microfiltration membranes prepared from acryl amide grafted poly(vinylidene fluoride) powder and their pH sensitive behaviour. Journal of Membrane Science, 2010, 362(1-2): 298-305.

[237] 贾旭, 张跃军. 单体转化率对聚二甲基二烯丙基氯化铵特征黏度的影响.

南京理工大学学报(自然科学版), 2010, 34(3): 380.
[238] 赵洪凯, 钱春香. 绝热法研究己内酰胺阴离子聚合尼龙动力学. 物理化学学报, 2007, 23(3): 373-378.
[239] 宋焕成, 赵时熙. 聚合物基复合材料. 北京: 国防工业出版社, 1986: 187.
[240] 赵军. 热重分析对高分子材料中碳酸钙的定量研究. 上海计量测试, 2002, 29(2): 15.
[241] Yan D, Xie T, Yang G. In situ synthesis of polyamide 6/MWNTs nanocomposites by anionic ring opening polymerization. Journal of Applied Polymer Science, 2009, 111(3): 1278-1285.
[242] Liu A, Xie T, Yang G. Synthesis of exfoliated monomer casting polyamide 6/Na^+-montmorillonite nanocomposites by anionic ring opening polymerization. Macromolecular Chemistry and Physics, 2006, 207(7): 701-707.
[243] 石璞, 晋刚. 纳米 SiO_2 增强增韧聚丙烯的研究. 中国塑料, 2002, 16(1): 37.
[244] Usuki A, Kojime Y, Kawasumi M, et al. Synthesis of nylon 6-clay hybrid. Journal of Materials Research, 1993, 8(5): 1179-1184.
[245] Mateva R, Ishtinakova O, Nikolov R N, et al. Kinetics of polymerization of ε-caprolactam in the presence of inorganic dispersed additives. European Polymer Journal, 1998, 34(8): 1061-1067.
[246] 李坚, 邱坚. 纳米技术及其在木材科学中的应用前景(II)——纳米复合材料的结构、性能和应用. 东北林业大学学报, 2003, 31(2): 1.
[247] Magill J H. Crystallization kinetics study of nylon 6. Polymer, 1962, 3: 655-664.
[248] Kim K J, Hong D S, Tripathy A R. Kinetics of adiabatic anionic copolymerization of ε-caprolactam in the presence of various activators. Journal of Applied Polymer Science, 1997, 66(6): 1195-1207.
[249] Liu Y C, Xu W, Xiong Y Q, et al. An efficient route for the synthesis of graft copolymers with rigid backbones via anionic ring-opening polymerization of caprolactam. Materials Letters, 2008, 62(12): 1849-1852.
[250] Lu C H, Yeh P Y, Hsu W T. Non-isothermal reaction kinetics of lithium cobalt oxide. Journal of Alloys and Compounds, 2009, 476(1): 749-754.
[251] Friedman H L. Kinetics of thermal degradation of char-forming plastics from thermogravimetry. Application to a phenolic plastic. Journal of Polymer Science Part C: Polymer Symposia, 1964, 6(1): 183-195.
[252] Fornes T D, Paul D R. Crystallization behavior of nylon 6 nanocomposites. Polymer, 2003, 44: 3945-3961.

[253] 林金清, 黄海, 徐旭波, 等. 碳纤维/MC 尼龙 6 原位复合材料的制备与表征. 华侨大学学报(自然科学版), 2006, 27(1): 92-95.

[254] 王锦燕, 孙玉周, 李冬霞. 聚合物结晶过程及动力学模型. 中原工学院学报, 2010, 21(2): 66.

[255] 徐永祥, 徐军, 孙元碧, 等. 聚(丁二酸丁二酯-co-丁二酸丙二酯)的等温结晶行为研究. 高分子学报, 2006, (8): 1000.

[256] Hao W T, Yang W, Cai H, et al. Non-isothermal crystallization kinetics of polypropylene/silicon nitride nanocomposites. Polymer Testing, 2010, 29(4): 527-533.

[257] Lu X F, Hay J N. Isothermal crystallization kinetics and melting behaviour of poly(ethylene terephthalate). Polymer, 2001, 42(23): 9423-9431 .

[258] Razavi-Nouri M, Ghorbanzadeh-Ahangari M, Fereidoon A, et al. Effect of carbon nanotubes content on crystallization kinetics and morphology of polypropylene. Polymer Testing, 2009, 28(1): 46-52.

[259] Zou P, Tang S W, Fu Z Z, et al. Isothermal and non-isothermal crystallization kinetics of modified rape straw flour/high-density polyethylene composites. International Journal of Thermal Sciences, 2009, 48(4): 837-846.

[260] Avrami M. Kinetics of phase change. Journal of Chemical Physics, 1939, 7(12): 1103.

[261] Ozawa T. Kinetics of non-isothermal crystallization. Polymer, 1971, 12(3): 150-158.

[262] Jeziorny A. Parameters characterizing the kinetics of the non-isothermal crystallization of poly(ethylene terephthalate) determined by DSC. Polymer, 1978, 19(10): 1142-1144.

[263] Liu T X, Mo Z S, Wang S E. Nonisothermal melt and cold crystallization kinetics of poly(arylether ether ketone ketone). Polymer Engineering and Science, 1997, 37(3): 568-575.

[264] Urbanovici E, Segal E. New formal relationships to describe the kinetics of crystallization. Thermochimica Acta, 1990, 171(24): 87-94.

[265] Kissinger H E. Variation of peak temperature with heating rate in differential thermal analysis. Journal of Research of the National Institute of Standards and Technology, 1956, 57(4): 217-221.

[266] Vyazovkin S. Is the kissinger equation applicable to the processes that occur on cooling? Macromolecular Rapid Communications, 2002, 23(13): 771-775.

[267] Vyazovkin S. Modification of the integral isoconversional method to account for variation in the activation energy. Journal of Computational Chemistry, 2001, 22(2): 178-183.

[268] Vyazovkin S. Evaluation of activation energy of thermally stimulated solid-state reactions under arbitrary variation of temperature. Journal of Computational Chemistry, 1997, 18(3): 393-402.

[269] Lorenzo M L D, Silvestre C. Non-isothermal crystallization of polymers. Progress in Polymer Science, 1999, 24(6): 917-950 .

[270] 徐卫兵, 戈明亮, 何平笙. 聚丙烯/蒙脱土纳米复合材料非等温结晶动力学的研究. 高分子学报, 2001, (5): 584-588.

[271] Lonkar S P, Morlat-Therias S, Caperaa N, et al. Preparation and nonisothermal crystallization behavior of polypropylene/layered double hydroxide nanocomposites. Polymer, 2009, 50(6): 1505-1515.

[272] 金日光, 华幼卿. 高分子物理. 北京: 化学工业出版社, 2000: 114-118.

[273] Papageorgiou G Z, Achilias D S, Bikiaris D N, et al. Crystallization kinetics and nucleation activity of filler in polypropylene/surface-treated SiO_2 nanocomposites. Thermochimica Acta, 2005, 427(1-2): 117-128.

[274] Zhou H, Ying J, Xie X, et al. Nonisothermal crystallization behavior and kinetics of isotactic polypropylene/ethylene–octene blends. Part Ⅱ: modeling of crystallization kinetics. Polymer Testing, 2010, 29: 915-923.

[275] 康琦, 张燕, 汪镭, 等. 智能微粒群算法. 冶金自动化, 2005, (4): 5-9.

[276] Yuan Q, Awate S, Misra R D K. Nonisothermal crystallization behavior of polypropylene-clay nanocomposites. European Polymer Journal, 2006, 42(9): 1994-2003.

[277] Vyazovkin S, Sbirrazzuoli N. Isoconversional approach to evaluating the Hoffman-Lauritzen parameters (U^* and K_g) from the overall rates of nonisothermal crystallization. Macromolecular Rapid Communications, 2004, 25(6): 733-738.

[278] Lauritzen J J, Hoffman J D. Extension of theory of growth of chainfolded polymer crystals to large undercoolings. Journal of Applied Physics, 1973, 44(10): 4340-4352.

[279] 刘俊莉, 马建中, 鲍艳. 聚合物/碳纳米管复合材料的研究进展. 中国皮革, 2010, 39(15): 46.

[280] 陈龙祥, 由涛, 张庆文, 等. 塑料填充改性技术研究进展. 化工新型材料, 2010, 38(10): 8.

[281] 杨继敏, 孙培梅, 童军武, 等. 碳纳米管/聚合物纳米复合材料研究进展. 金属材料与冶金工程, 2010, 38(3): 60-63.

[282] 杨道虹. 碳纳米管及其复合材料研究现状分析. 纳米科技, 2010, 5: 40-42.

[283] 伍增勇, 彭娅, 童荣柏, 等. SEBS弹性体对聚丙烯形貌、力学性能和结晶性能的影响. 塑料, 2010, 39(3): 37-40.

[284] 孙玉蓉, 吴德峰, 张明, 等. 聚丙烯/碳纳米管复合材料的结晶和介电行为. 高分子材料科学与工程, 2009, 25(6): 67-69.

[285] Zhao S, Cai Z, Xin Z. A highly active novel b-nucleating agent for isotactic polypropylene. Polymer, 2008, 49(11): 2745-2754.

[286] 容敏智, 章明秋, 潘顺龙, 等. 表面接枝改性纳米二氧化硅填充聚丙烯的结晶行为. 高分子学报, 2004, (2): 184.

[287] Naffakh M, Martín Z, Marco C, et al. Isothermal crystallization kinetics of isotactic polypropylene with inorganic fullerene-like WS2 nanoparticles. Thermochimica Acta, 2008, 472(1-2): 11-16.

[288] Avella M, Cosco S, Lorenzo M L D, et al. Nucleation activity of nanosized $CaCO_3$ on crystallization of isotactic polypropylene, in dependence on crystal modification, particle shape, and coating. European Polymer Journal, 2006, 42(7): 1548-1557.

[289] Liu M, Guo B, Du M, et al. Halloysite nanotubes as a novel β-nucleating agent for isotactic polypropylene. Polymer, 2009, 50(13): 3022-3030.

[290] Raka L, Bogoeva-Gaceva G, Lu K, et al. Characterization of latex-based isotactic polypropylene/clay nanocomposites. Polymer, 2009, 50(15): 3739-3746.

[291] Lonkar S P, Singh R P. Isothermal crystallization and melting behavior of polypropylene/layered double hydroxide nanocomposites. Thermochimica Acta, 2009, 491(1-2): 63-70.

[292] Hoffman J D, Miller R L. Kinetic of crystallization from the melt and chain folding in polyethylene fractions revisited: theory and experiment. Polymer, 1997, 38(13): 3151-3212.

[293] Marand H, Xu J, Srinivas S. Determination of the equilibrium melting temperature of polymer crystals: Linear and nonlinear hoffman-Weeks extrapolations. Macromolecules, 1998, 31(23): 8219-8229.

[294] Dobreva A, Gutzow I. Activity of substrates in the catalyzed nucleation of glass-forming melts. Ⅱ. experimental evidence. Journal of Non-Crystalline

Solids, 1993, 162(1-2): 13-25.

[295] Dobreva A, Gutzow I. Activity of substrates in the catalyzed nucleation of glass-forming melts. Ⅰ. theory. Journal of Non-Crystalline Solids, 1993, 162(1-2): 1-12.

[296] Kim S H, Ahn S H, Hirai T. Crystallization kinetics and nucleation activity of silica nanoparticle-filled poly(ethylene 2,6-naphthalate). Polymer, 2003, 44(19): 5625-5634.

[297] Alonso M, Velasco J I, Saja J A D. Constrained crystallization and activity of filler in surface modified talc polypropylene composites. European Polymer Journal, 1997, 33(3): 255-262 .

[298] 余坚, 何嘉松. 聚丙烯接枝马来酸酐及其离聚物的非等温结晶动力学. 高分子学报, 1999, (5): 513-519.

[299] Patel R M, Spruiell L J E. Crystallization kinetics during polymer processing——analysis of available approaches for process modeling. Polymer Engineering and Science, 1991, 31(10): 730-738.

[300] Mubarak Y, Harkin-Jones E M A, Martin P J, et al. Modeling of non-isothermal crystallization kinetics of isotactic polypropylene. Polymer, 2001, 42(7): 3171-3182.

[301] Sifleet W L, Dinos N, Collier J R. Unsteady-state heat transfer in a crystallizing polymer. Polymer Engineering and Science, 1973, 13(1): 10-16.

[302] Tanner R I, Qi F. A comparison of some models for describing polymer crystallization at low deformation rates. Journal of Non-Newtonian Fluid Mechanics, 2005, 127(2-3): 131-141.

[303] 莫志深. 一种研究聚合物非等温结晶动力学的方法. 高分子学报, 2008, (7): 656-661.

[304] Nakamura K, Katayama K, Amano T. Some aspects of nonisothermal crystallization of polymers. Ⅱ. consideration of the isokinetic condition. Journal of Applied Polymer Science, 1973, 17(4): 1031-1041.

[305] Chan T W, Isayev A I. Quiescent polymer crystallization: modelling and measurements. Polymer Engineering and Science, 1994, 34(6): 461-471.

[306] Godovsky Y K, Slonimsky G L. Kinetics of polymer crystallization from the melt (calorimetric approach). Journal of Polymer Science, Part B: Polymer Physics, 1974, 12(6): 1053-1080.

[307] Isayev A I, Chan T W, Shimojo K, et al. Injection molding of semicrystalline

polymers. Ⅱ. modeling and experiments. Journal of Applied Polymer Science, 1995, 55(5): 821-838.

[308] Kim C Y, Kim Y C, Kim S C. Temperature dependence of the nucleation effect of sorbitol derivatives on polypropylene crystallization. Polymer Engineering and Science, 1993, 33(2): 1445-1451.

[309] Angelloz C, Fulchiron R, Douillard A, et al. Crystallization of isotactic polypropylene under high pressure (γ phase). Macromolecules, 2000, 33(11): 4138.

[310] Koscher E, Fulchiron R. Influence of shear on polypropylene crystallization: Morphology development and kinetics. Polymer, 2002, 43(25): 6931-6942.

[311] Clark E J, Hoffman J D. Regime Ⅲ crystallization in polypropylene. Macromolecules, 1984, 17: 878-884.

[312] Ding Z, Spruiell J E. Interpretation of the nonisothermal crystallization kinetics of polypropylene using a power law nucleation rate function. Journal of Polymer Science Part B: Polymer Physics, 1997, 35(7): 1077-1093.

[313] Radhakrishnan S, Sonawane P S. Role of heat transfer and thermal conductivity in the crystallization behavior of polypropylene-containing additives: A phenomenological model. Journal of Applied Polymer Science, 2003, 89(11): 2994-2999.

[314] Sun H, Gong C, Sun X, et al. Crystalline morphology and nonisothermal crystallization behaviors of iPP/PcBR blends. Journal of Macromolecular Science, Part B: Physics, 2006, 45(5): 821-834.

[315] Tai H, Chiu W, Chen L, et al. Study on the crystallization kinetics of PP/GF composites. Journal of Applied Polymer Science, 1991, 42(2): 3111-3122.

[316] 丁超, 贾德民, 何慧, 等. 聚丙烯/有机蒙脱土纳米复合材料的流变行为. 华南理工大学学报(自然科学版), 2006, 34(1): 105-109.

[317] 程红原, 田明, 张立群. 聚对苯二甲酸乙二醇酯-玻璃纤维增强复合体系的动态流变行为研究. 石油化工, 2007, 36: 913-918.

[318] 郑强, 杨碧波, 吴刚, 等. 多组分高分子体系动态流变学研究. 高等学校化学学报, 1999, 20(9): 1483-1490.

[319] 徐鸿升, 李忠明, 杨鸣, 等. 多组分聚合物的动态流变特性. 高分子材料科学与工程, 2004, 20(6): 24-28.

[320] 金阳, 谭小华, 陈贤益, 等. 长链支化制备高功能强度 PP 的研究. 中国塑料, 2002, 16(1): 24-28.

[321] 黄成, 柏基业, 吴新源, 等. 聚丙烯熔体强度对加工性能的影响. 现代塑

料加工应用, 2002, 14(3): 9-11.

[322] 郝如江, 陈静波, 申长雨, 等. 高聚物熔体松弛时间谱的计算. 郑州工业大学学报, 2001, 22(4): 90-92.

[323] Rojo E, Munoz M E, Santamaria A, et al. Correlation between conformational parameters and rheological properties of molten syndiotactic polypropylenes. Macromolecular Rapid Communications, 2004, 25(14): 1314-1318.

[324] 宋娜, 许鑫华, 朱琳, 等. 聚丙烯/乙烯-辛烯共聚物共混体系的流变行为及相容性. 天津大学学报, 2009, 42(10): 861-865.

[325] Pötschke P, Fornes T D, Paul D R. Rheological behavior of multiwalled carbon nanotube/polycarbonate composites. Polymer, 2002, 43(11): 3247-3255.

[326] 李文春, 沈烈, 孙晋, 等. 多壁碳纳米管填充高密度聚乙烯复合材料的导电性和动态流变行为. 高分子学报, 2006, (2): 269-273.

[327] 刘国刚, 杨锋, 蔡燎原, 等. 二异氰酸酯扩链共聚甲醛及其动态流变行为的研究. 塑料工业, 2010, 38(7): 43-53.

[328] Han C D, Baek D M, Kim J K. Effect of microdomain structure on the order-disorder transition temperature of polystyrene-block-polyisoprene-block-polystyrene copolymers. Macromolecules, 1990, 23(2): 561-570.

[329] Han C D, Kim S S. Shear-induced isotropic-to-nematic transition in a thermotropic liquid-crystalline polymer. Macromolecules, 1995, 28(6): 2089-2092.

[330] Polymer. Effects of silicalite-1 nanoparticles on rheological and physical properties of HDPE. Polymer, 2006, 47(10): 3609-3615.

[331] 周持兴. 聚合物流变实验与应用. 上海: 上海交通大学出版社, 2003: 94.

[332] Chae D W, Kim K J, Kim B C. Effects of silicalite-1 nanoparticles on rheological and physical properties of HDPE. Polymer, 2006, 47(10): 3609-3615.

[333] Chae D W, Kim B C. Thermal and rheological properties of highly concentrated PET composites with ferrite nanoparticles. Composites Science and Technology, 2007, 67(7-8): 1348-1352.

[334] 赫如江. 聚合物熔体黏弹性参数拟合及注塑件残余应力研究. 郑州: 郑州大学, 2002.

[335] Wagner M H, Laun H M. Nonlinear shear creep and constrained elastic recovery of a LDPE melt. Rheologica Acta 1978, 17(2): 138-148.

[336] 王进, 梁瑞凤, 郭少锋. 聚乙烯熔体的离散松弛时间谱与熔融指数的关系. 高分子学报, 1999, (4): 424-427.

[337] Jensen E A. Determination of discrete relaxation spectra using simulated annealing. Journal of Non-Newtonian Fluid Mechanics, 2002, 107(1-3): 1-11.

[338] Baumgaertel M, Winter H H. Determination of discrete relaxation and retardation time spectra from dynamic mechanical data. Rheologica Acta, 1989, 28(6): 511-519.

[339] Honerkamp J, Weese J. Determination of the relaxation spectrum by a regularization method. Macromolecules, 1989, 22(11): 4372-4377.

[340] Mallows C L. Some comments on C_p. Technometrics, 1973, 15(4): 661-675.

索　引